京西古道

2022

京内高校美丽乡村有机更新联合毕业设计作品集

传统村落有机更新设计探索

北京建筑大学 北京林业大学
北京交通大学 北京工业大学
北方工业大学 北京城市学院
河南城建学院 编著

华中科技大学出版社
http://press.hust.edu.cn
中国·武汉

内容提要

自十九大以来，为促进乡村高质量发展，实施乡村振兴战略被摆在优先位置。《北京市乡村振兴战略规划（2018—2022年）》中提出要立足首都城市战略地位，坚持乡村振兴和新型城镇化双轮驱动，准确把握北京"大城市小农业""大京郊小城区"的市情和乡村发展规律。本书是"京内高校美丽乡村有机更新"联合毕业设计成果，参加的高校包括北京建筑大学、北京工业大学、北方工业大学、北京林业大学、北京交通大学、北京城市学院及河南城市学院。本书成果围绕京西古道上的古村落开展有机更新探索与研究，体现了各校的教学特色，也深入研究了大城市近郊各类乡村更新面临的特殊问题与困境，为京西古道传统村落有机更新提供了新思路，为实现京郊乡村高质量发展进行了有益的探索与尝试。

图书在版编目（CIP）数据

京西古道传统村落有机更新设计探索：2022 京内高校美丽乡村有机更新联合毕业设计作品集 / 北京建筑大学等编著 . -- 武汉：华中科技大学出版社，2023.3

ISBN 978-7-5680-8914-2

Ⅰ . ①京… Ⅱ . ①北… Ⅲ . ①乡村规划 – 建筑设计 – 作品集 – 中国 – 现代 Ⅳ . ① TU982.29

中国国家版本馆 CIP 数据核字（2023）第 019897 号

京西古道传统村落有机更新设计探索：2022 京内高校美丽乡村有机　　　　北京建筑大学 等 编著
更新联合毕业设计作品集
JINGXI GUDAO CHUANTONG CUNLUO YOUJI GENGXIN SHEJI TANSUO: 2022 JINGNEI GAOXIAO MEILI XIANGCUN YOUJI GENGXIN LIANHE BIYE SHEJI ZUOPINJI

策划编辑：简晓思

责任编辑：简晓思

装帧设计：金　金

责任监印：朱　玢

出版发行：华中科技大学出版社（中国·武汉）　　　　电　　话：（027）81321913
　　　　　武汉市东湖新技术开发区华工科技园　　　　邮　　编：430223

印　　刷：湖北金港彩印有限公司

开　　本：889mm×1194mm　1/16

印　　张：12

字　　数：316 千字

版　　次：2023 年 3 月第 1 版第 1 次印刷

定　　价：108.00 元

编委会

主　编：荣玥芳　李　翅　梁玮男　王　鑫　刘　泽　孟　媛　刘会晓

副主编：桑　秋　高　原　陈　鹭　李　婧　邓晓莹　赵玉凤　韩　风

参　编：林浩曦　徐凌玉　徐高峰　付泉川　任雪冰　陈　琳　刘　蕊
　　　　李　雪　刘　洁　王大勇

编委会成员组成：

北京建筑大学　荣玥芳　桑　秋　韩　风　林浩曦

北京林业大学　李　翅　高　原

北京交通大学　王　鑫　陈　鹭　徐凌玉　徐高峰　付泉川

北京工业大学　刘　泽

北方工业大学　梁玮男　李　婧　任雪冰

北京城市学院　孟　媛　邓晓莹　陈　琳　刘　蕊　李　雪

河南城建学院　刘会晓　赵玉凤　刘　洁　王大勇

联合毕业设计点评专家

蔡立力　中国城市规划设计研究院教授

单彦名　中国建筑设计研究院有限公司城镇规划设计研究院副院长

王崇烈　北京市城市规划设计研究院城市更新规划所所长、城市更新研究中心副主任

高　超　北京市城市规划设计研究院城市更新所主任工程师

陈　楷　中国中建设计研究院有限公司规划一所副所长

李君洁　北京清华同衡城市规划设计研究院有限公司遗产七所所长助理

联合毕业设计支持专家

何　闽　北京市城市规划设计研究院乡村规划所副所长兼村镇中心副主任

　　　　北京城市规划学会村镇规划学术委员会副主任专家兼秘书长

张东才　北京市规划和自然资源委员会门头沟分局局长助理

李春青　北京建筑大学建筑与城市规划学院副院长

佘高红　北京交通大学建筑与艺术学院副院长

张　刚　北京市规划和自然资源委员会门头沟分局规划研究中心副主任

　　乡村振兴是中国式现代化的重要战略支撑。作为首善之区，首都北京的乡村振兴和美丽乡村建设具有代表性、复杂性以及特殊性。迈入中国特色社会主义新时代，城乡建设进入全面高质量发展时期，改善和提升乡村人居环境成为推动首都城乡融合发展的重要抓手。京内高校城乡规划专业联合毕业设计的开展恰逢其时，高校人才培养密切关注社会需求与变化，更加有利于人才培养质量的持续提升，也为培养出更多与时俱进的城乡规划专业人才奠定了基础。

　　2022年"京内高校美丽乡村有机更新"联合毕业设计是京内高校城乡规划专业第二届乡村规划方向的联合毕业设计，为高校师生提供了交流、学习的平台。本次联合毕业设计由北京建筑大学联合北京林业大学、北京交通大学、北京工业大学、北方工业大学、北京城市学院以及河南城建学院一起开展，各校参与的师生共有23名教师、39名城乡规划专业毕业班学生，他们克服疫情困难，对京西古道传统村落开展更新设计研究，在理论、技术、方法等方面进行了系统、全面的探索与思考，促进了各校在乡村规划设计领域人才培养水平的全面提升。

　　北京城市规划学会多年来持续关注首都乡村发展与变化，特别是特大城市周边各类村庄伴随首都发展与变化在社会、经济、文化、环境及设施等方面受到的一系列影响，并开展了大量的研究和实践工作。本次联合毕业设计进一步拓展了我们在乡村规划领域的研究与思考，希望北京地区的高校师生更多关注首都乡村的社会经济时空演变规律，为新时代首都发展引领下的乡村振兴贡献更多人才与智慧。

北京城市规划学会理事长

2023年2月20日

目录

CONTENTS

上篇

联合毕业设计情况简介

010   联合毕业设计选题名称

010   联合毕业设计宗旨

010   联合毕业设计参加高校

010   联合毕业设计开展缘起

010   联合毕业设计选题确定

011   联合毕业设计成果总结

014   联合毕业设计调研照片

 # 下篇

联合毕业设计学生作品

020   北京建筑大学

042   北京林业大学

054   北京交通大学

090   北京工业大学

104   北方工业大学

138   北京城市学院

150   河南城建学院

京西古道

联合毕业设计情况简介 上篇

Traditional villages

联合毕业设计选题名称

2022 年度"京内高校美丽乡村有机更新"联合毕业设计选题名称：京西古道传统村落有机更新设计（门头沟区）。

联合毕业设计宗旨

2022 年度"京内高校美丽乡村有机更新"联合毕业设计宗旨：为北京地区乡村有机更新设计实践研究与人才培养服务。

联合毕业设计参加高校

2022 年度"京内高校美丽乡村有机更新"联合毕业设计参加高校：北京建筑大学、北京林业大学、北京交通大学、北京工业大学、北方工业大学、北京城市学院、河南城建学院。

联合毕业设计开展缘起

2021 年度"京内高校美丽乡村有机更新"联合毕业设计由北京建筑大学发起、北京的四所高校联合开展，包括北京建筑大学、北京林业大学、北京工业大学、北方工业大学。联合毕业设计选址密云区北甸子村和王庄村，参加的师生包括 8 名教师和 13 名城乡规划专业本科学生。各校师生对北京乡村问题展开了探讨与研究，同时加强了校际师生之间的交流与合作，促进了北京地区高校城乡规划专业在乡村规划设计板块的交流与学习。

鉴于 2021 年度联合毕业设计的经验以及效果，2022 年度的"京内高校美丽乡村有机更新"联合毕业设计新增了北京交通大学、河南城建学院、北京城市学院三所院校的师生团队，扩大了校际联合的范围，同时增加了校内跨专业联合，增加的专业包括建筑学、历史建筑保护工程、设计学、管理学等，从而更好地实现乡村更新设计校际、跨专业交叉研究与设计。

联合毕业设计选题确定

2021 年 11 月 5 日，第二届"京内高校美丽乡村有机更新"联合毕业设计选题研讨会在线上举行。本次联合毕业设计选题研讨会由北京建筑大学、北京林业大学、北京交通大学、北京工业大学、北方工业大学五所在京高校联合举办，并由北京建筑大学建筑与城市规划学院城乡规划系组织承办。五所高校联合毕业设计指导教师通过线上会议对课题展开了讨论，并最终商定依托《北京城市总体规划（2016 年—2035 年）》确定的北京三大文化带之一的"西山永定河文化带"保护与发展，选择"京西古道传统村落有机更新"作为联合毕业设计的主题。

2022 年度"京内高校美丽乡村有机更新"联合毕业设计，是继上一届"长城文化带保护与发展辐射范围内的乡村规划"举办的第二届，期待通过校际联合和跨专业联合的方式，为京西古道的传统村落更新出谋划策。跨专业联合主要包含了城乡规划、建筑学和风景园林等多个专业的联合。

自十九大以来，为促进乡村高质量发展，实施乡村振兴战略被摆在优先位置。《北京市乡村振兴战略规划（2018—2022年）》中提出要立足首都城市战略地位，坚持乡村振兴和新型城镇化双轮驱动，准确把握北京"大城市小农业""大京郊小城区"的市情和乡村发展规律。

为了更好地服务北京的规划建设，加强历史文化名城保护，强化首都风范、古都风韵、时代风貌的城市特色，本次联合毕业设计选题依托西山永定河文化带发展，利用京西古道对周边地区产生的不可忽视的文化效应，让优秀文化遗产保护的成果惠及其辐射范围内的更多村镇。

期待通过进一步实地踏勘与访谈调研，对村庄的房屋建设、基础设施、产业发展等情况进行深入了解，探索京西古道沿线乡村现状，以及村庄产业发展遇到的阻碍，评估乡村文化旅游的发展潜力。

联合毕业设计成果总结

2022 年第二届"京内高校美丽乡村有机更新"联合毕业设计以"京西古道传统村落有机更新设计（门头沟区）"作为主题，并在北京市门头沟区进行代表性乡村选点、调研，各校师生选择的乡村有 7 个，分别为王平村、千军台村、东石古岩村、炭厂村、琉璃渠村、沿河城村和燕家台。

本届联合毕业设计具有两个主要特点：一是跨校、跨专业、跨地域联合，专家陪伴，政府支持，探索京郊传统村落保护与更新；二是涉及矿区村落城、矿、村生态有机更新与发展等典型乡村振兴问题。

本届联合毕业设计由北京建筑大学牵头，北京建筑大学、北京林业大学、北京交通大学、北京工业大学、北方工业大学联合主办，北京建筑大学承办，参加联合毕业设计的师生来自 7 所高校，23 名教师、39 名学生组成 18 组设计团队，研究对象涉及 7 个具有代表性的乡村。

本届联合毕业设计得到了北京市规划和自然资源委员会门头沟分局、北京市城市规划设计研究院、北京清华同衡城市规划设计研究院有限公司、中国中建设计研究院有限公司、北京城市规划学会村镇规划学术委员会、北京市门头沟区各乡镇政府等多家单位的大力支持。来自各大单位的 6 位专家——蔡立力教授（中国城市规划设计研究院）、单彦名副院长（中国建筑设计研究院有限公司城镇规划设计研究院）、王崇烈所长（北京市城市规划设计研究院城市更新规划所）、高超主任（北京市城市规划设计研究院城市更新所）、陈楷副所长（中国中建设计研究院有限公司规划一所）、李君洁所长助理（北京清华同衡城市规划设计研究院有限公司遗产七所），对本届联合毕业设计全过程进行了陪伴式的点评和指导。

本届联合毕业设计过程中，尽管由于疫情，现场调研受限，只有部分团队成员参与了现场调研活动，毕业设计指导和毕业设计前期开题、中期设计及终期答辩等各环节均采用线上形式，但各校师生通过线上交流，收获满满。设计成果体现了各校的教学特色，也深入研究了大城市近郊各类乡村更新面临的特殊问题与困境，总体来说，机遇与困难并存。乡村在基础设施与配套问题解决后面临着高质量发展的强烈诉求，其中有机发展路径亟待研究，人口老龄化与城市核心区人口外移承载力及乡村发展诉求等矛盾突出，并具有显著代表性。各校师生开展了不同维度、不同视角的研究与探索，为京西古道传统村落有机更新提供了新思路，为实现京郊乡村高质量发展进行了有益的探索与尝试。

以下是 7 所高校对本届联合毕业设计活动的总结。

北京建筑大学

本次设计对象具有村矿一体的特点，地处北京西山中山区向低山区的过渡地带，空间设计范围包括东、西王平村村庄，王平矿区，永定河西侧滨河地段。设计对象随着煤矿关闭而处于经济发展的困境，并且由于地形起伏而形成了一定的村矿空间割裂，但具有悠久的煤矿工业历史和丰富的煤矿工业遗存，也拥有丰富的京西古道文化资源，更面临着京西旅游大开发、门头沟旅游轨道交通建设的契机，其发展转型迫在眉睫。

本次设计方案以挖掘历史底蕴为出发点，以文旅发展为目标导向，通过活化产业和构建韵味新村，实现文化传承、产业振兴、人居建设的三位一体。设计理念为 TOD（transit-oriented development，以公共交通为导向的开发）导向的村矿田园游乐综合体，发展目标为打造京郊乡村度假休闲旅游目的地、门头沟区最美乡村示范基地、一线四矿区域的服务节点、王平镇增长极。

设计空间划分为古道民俗体验区、矿区转型发展区、旅游综合服务区，采用"四轴一核"的规划结构，以铁路站点为核心，构建综合服务轴、矿区游乐轴、民俗体验轴、滨河漫步轴。

主要设计手法一为新路径——交通重整。由铁路站点引出多条空中廊道，增进各分区联系，弥合"铁轨横穿"造成的空间割裂。主要设计手法二为新产业——动力新生。构建疗养别墅、民俗体验基地、农家乐、民宿区、滨河瞭望台、矿区特色酒店、铁轨公园、矿区休闲健身区等新业态体系。主要设计手法三为新空间——空间重整。村庄内规划多处开敞景观节点，营造富有趣味的步行空间体验；滨河建筑设计采用错层结构，活化利用滨河景观；矿区设计廊架，打造"灰空间"；对厂房建筑、宿舍建筑加以部分改造，以应对新的公共职能。

北京林业大学

在 2022 年度的联合毕业设计中，北京林业大学城乡规划专业本科毕业设计团队以"一线四矿"中的王平矿区及周边村庄作为设计场地进行规划设计。自 2022 年 2 月中旬发布任务书以来，同学们便开始着手资料收集、前期分析和研究、开展规划设计等工作。期间遇到了不少困难，由于疫情，同学们未能全部返校，导致有的同学不能到实地进行调研，与组员也只能通过网络进行沟通联系，但最终在师生们的共同努力下，他们与联合毕业设计其他院校的同学们一起克服了困难，圆满地完成了此次的联合毕业设计任务。

在参加联合毕业设计的过程中，同学们不仅结识了来自其他院校的同学，互相交流、共同进步，收获了友谊和成长，还得到了来自本校及其他院校的老师和设计研究院的专家的指导，不断完善团队的设计方案。

几个月不断的学习让同学们收获满满，努力的过程和收获的成果都是毕业生们快乐而珍贵的财富。感谢北京建筑大学组织此次联合毕业设计活动，也感谢在联合毕业设计过程中给予过技术支持的规划设计、管理单位和点评专家。联合毕业设计让同学们的本科生活画上了圆满的句号，载着满满的收获开启全新的征程！

北京交通大学

北京交通大学建筑与艺术学院城乡规划系共有 7 位同学、5 位指导教师组成团队，参加第二届"京内高校美丽乡村有机更新"联合毕业设计。团队分为 4 组，其中 3 组以北京市门头沟区王平镇东石古岩村为对象，还有 1 组以门头沟区龙泉镇琉璃渠村为对象，分别推进研究、规划、设计工作。

规划设计方案立足村落自身的地域特征和历史印迹，以"文化线路"为理论依托，针对永定河水系、京门铁路、妙峰山香道等廊道空间沿革和空间要素展开分析，对多尺度的环境要素进行梳理，在区域、镇域、村域内对各类要素进行识别、判定、解析，整理出支撑村落保护与再利用的多要素网络。在此基础上，综合现场踏勘、访谈、观察和空间分析，提出"寻踪漫道·窑火相传""驿路烽情·居游共生""循轨通今·栖院山居""古今交汇·乐享步道"的概念，促进多类型廊道交织成网络，为村庄、庙宇、站点、景点等要素的联动提供驱动力，形成区域范围内的连片更新模式。

在毕业设计推进过程中，同学们综合应用了历史研究、形态分析、数据统计等方法，完成了村域研究、村庄规划、关键节点设计等工作，积极探索京西古道传统村落保护与再利用的新路径。

北京工业大学

本次联合毕业设计以北京市门头沟区"一线四矿"文旅康养休闲区建设为选题背景，在村庄规划的基础上融入工业遗产利用、传统聚落保护、生态旅游策划等多元要素，极大地丰富了选题深度，也给同学们增添了设计的挑战性。从实地调研到发现问题，从梳理思路到形成方案，从推敲修改到展示交流，经过一个学期的历练，同学们不仅完成了本科阶段最后的作品，更在这个过程中切实体会并探索了乡村振兴背景下村庄发展的多元化路径。各校差异化的方案也展现了各自专业的培养特色，特别是伴随着对"继承与活化""普适性与地域性""文化内涵与外在形态"等问题的思考与探索，同学们诠释了不同类型村庄各自的规划思路。尽管一些认识还不够全面，一些设计还需要完善，但大家的规划思想已愈发成熟，专业价值观也愈发稳定。

感谢北京建筑大学同仁们的精心组织，本次联合毕业设计是一次弥足珍贵的旅程，期待"京内高校美丽乡村有机更新"联合毕业设计拥有更加精彩的明天。

北方工业大学

第二届"京内高校美丽乡村有机更新"联合毕业设计已成功落下帷幕。由于疫情的影响，各校师生虽少了许多面对面的交流，但大家对于京西古道传统村落有机更新课题的关注与情怀依然炽热：各校指导教师曾在寒风中穿行于门头沟村落的古道山间，进行确定选题的现场踏勘；师生们也曾几度相聚云端，进行各环节汇报答辩与交流，并取得丰硕的设计成果。与首届联合毕业设计一样，本届联合毕业设计无疑又是一次成功的盛会。

　　设计伊始，北方工业大学的3组学生选定王平村、东石古岩村这2个颇具代表性的京西古道传统村落进行深入研究，在充分挖掘村落的历史、文化、产业、建筑等特色与特征的基础上，敏锐地抓住了村庄发展面临的困境与核心问题，最终的设计成果以京西多元文化塑造为切入点，既充分利用了京西古道对门头沟村落周边地区产生的文化辐射效应，又紧密契合了"一线四矿"产业转型升级带来的重要发展机遇，3组同学针对王平村、东石古岩村提出的有机更新策略虽然稍显稚嫩，但具有一定的普适性，可以为门头沟区乃至其他区域传统村落的保护发展提供有益的借鉴。

　　相信本次联合毕业设计的难忘经历，可以在各校师生的记忆中留下浓重的一笔。期待2023年的再次相聚！

北京城市学院

　　北京城市学院坚持以市场为导向，以应用型为特色，以服务区域发展为目标，走"本科立校、依法治校、优质强校、特色兴校"的发展道路，实施"适合教育、全人教育、有效教育、实用教育"的育人理念，全力创建高水平大学，全心造就高素质人才。北京城市学院城市建设学部城乡规划专业立足中国特色新型城镇化建设和首都城乡规划建设需要，聚焦空间数据分析、城市更新等重点领域，培养具备数字规划技术和工程协同能力的"一专多能"的高水平应用型人才，于2021年获批北京市级一流本科专业建设点。

　　"京西印象·幡会之源——千军台历史文化名村更新设计"由北京城市学院城市建设学部城乡规划专业优秀教师团队指导完成。本次设计主要考虑人与自然之间的和谐关系，坚持以人为本的设计理念，规划了"一道、一轴、七区、多点"的总体布局。设计方案以生态环境优先为原则，充分体现对人的关怀。整个设计基于国家政策、上位规划以及现状情况进行，主要解决了用地、道路、绿地、建筑风貌、游览路线和院落格局等问题，如丰富用地类型，增添次要步行道路来完善路网体系，增加大量宅前绿地，划定整治更新建筑，完善建筑风貌的控制等，由此来设计富有幡会特色的游览路线，并在重要的节点上进行院落更新设计。同时针对京西古幡会民俗文化特色设计了制幡工坊，便于市民更多地了解制作经幡的过程，体验制幡、绘幡、绣幡的乐趣，领会京西古幡会作为非物质文化遗产的文化内涵。

河南城建学院

　　乡村有机更新是新时期城乡居民高品质生活的需要，是乡村价值高水平再造的需要，也是乡村振兴高质量发展的需要，对实现农村地区经济、社会和生态的协同发展具有重要的意义。

　　本次设计从北京市门头沟区乡村发展实际出发，合理优化村庄规划布局，通过空间秩序、历史遗存、产业发展、人文资源等方面的更新，实现乡村价值再造和提升，践行"绿水青山就是金山银山"的理念，促进京西地区乡村高质量发展。本次设计内涵主要包括以下四个方面。

　　一、有机更新村庄空间秩序，实现高品质生活价值。遵循村庄的自然地理和历史人文，对村庄格局进行科学规划，有机修复村庄建筑肌理，在不破坏乡村风格的同时，科学植入现代要素与功能，以满足居民对舒适的现代生活的需求。

　　二、有机更新村庄历史遗存，多元融合协同发展。充分挖掘历史传统、民俗文化，以历史建筑为载体，植入居住、公共服务、商业、文化展示、休闲娱乐等多元化的功能，激发老建筑的新活力。

　　三、有机更新产业发展动能，实现高质量经济价值。唤醒沉睡的乡村资源要素，为乡村旅游、民宿、文创、康养等新产业、新业态的发展创造条件和提供新动能。

　　四、有机更新乡村人文资源，实现高水平文化价值。增强乡村文化集体记忆与社区认同，激活乡村文化内生发展动力，使乡村百姓成为优良家风、文明乡风、时代新风的主导者和创造者。

联合毕业设计调研照片

京西古道

联合毕业设计学生作品 下篇

Traditional villages

北京建筑大学

山河永定 · 交织乐园——TOD 导向的田园游乐综合体规划

寻忆 · 乡愁——北京长城文化带中传统村落有机更新环境设计

戏 · 游沿河——北京长城文化带中传统村落有机更新环境设计

山河永定·交织乐园 ——TOD导向的田园游乐综合体规划

设计说明/

设计地段位于北京市门头沟区王平镇东、西王平村，地处北京西山中山区向低山区的过渡地带，依托《北京城市总体规划（2016年—2035年）》中京西乡村发展战略、门头沟区战略定位、《门头沟区王平镇国土空间规划（2020年—2035年）》、"一线四矿"规划，设计内容包括循轨、探源、韵味、新生、营建五个板块，以韵味理论为基础，以韵味构建为手段，力求山水韵味、文化韵味、休闲韵味的共同营造，打造西山之园、文化休闲圣地、田园游乐综合体，满足多元人群需求，构建交织与开放的韵味新村。

指导教师/

桑秋 北京建筑大学副教授，注册城市规划师，从教多年

大都市乡村设计是一项充满挑战和刺激的工作，让人不断思考何为美丽乡村，是田园综合体，还是中国式山居园林，抑或是大都市郊区乐园？很荣幸参与此次美丽乡村设计，也很为学生们的迎难而上、积极探索和团结协作而自豪！

桑秋

小组成员/

李沅儒	邢炜康	罗子博	唐雪岩	李大双

有幸在桑秋老师的带领下完成了此次毕业设计，从地段选择到实地调研，再到初步策划和空间设计，桑秋老师的悉心指导与启发极大地增进了我对乡村规划设计的理解和认识，并且提高了我的知识运用能力。非常感激老师和同学们，为期半年的学习使我收获颇丰。

感谢辛勤指导的老师，感谢通力合作的同学们，正是在大家的共同努力下，我们取得了毕业设计的成果。毕业设计意味着我们应该达到一种能力上的标准，可以去承担所在专业上的责任。最后，祝愿所有的同学，天地广阔、大有可为。

经过一个学期的努力，终于完成了所有成果，感谢桑秋老师的辛苦指导，为我们提供了很多思路，感谢李沅儒和邢炜康两位组长带领我们完成此次毕业设计，感谢其他组员，我们一起为本科五年的求学生涯画上了一个完美的句号。

桃李不言，下自成蹊。特别感谢在这次毕业设计中桑秋老师对我们的耐心指导，毕业设计的每一步都离不开桑秋老师的悉心指导和无私帮助。希望在这次毕业设计之后，我们仍能以梦为马，不负韶华，带着老师对我们的谆谆教诲，踏上人生的旅途，实现我们各自的理想和价值！

这次毕业设计使我们的同学关系更进一步，同学之间互相帮助，有什么不懂的大家一起商量，听听不同的看法有助于我们更好地理解知识，所以在这里感谢帮助我的同学。知识必须通过应用才能实现其价值！

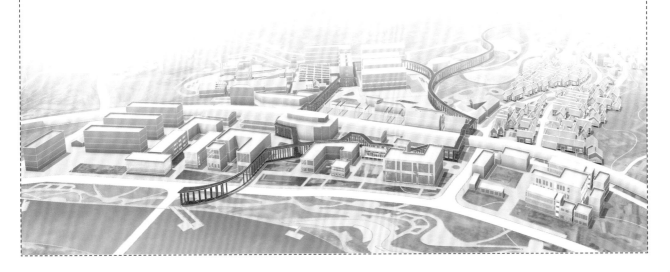

山河永定·交织乐园 ——TOD 导向的田园游乐综合体规划

壹/循轨

[背景概况]

[区位分析] 门头沟区浅山地区

北京市·门头沟区　　王平镇　　东、西王平村

[设计缘起] 西山永定河文化带

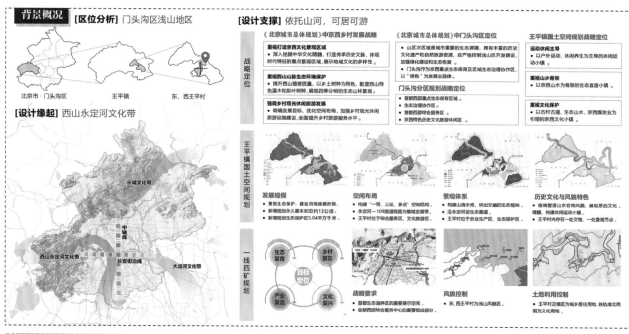

[设计支撑] 依托山河，可居可游

[循轨而来]

[公路交通] 多条公路聚集，作为京西公路枢纽

- 高速公路
- 城市主干路
- 城市次干路
- 二级公路
- 三级公路

[铁路交通] 增建王平车站，作为一线四矿区域枢纽

- 铁路
- 铁路站点

[空间活力] 活力较强，承东启西

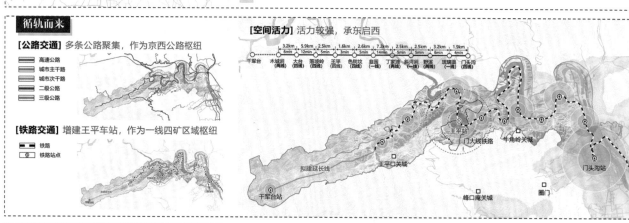

[因轨定位]

[定位1] 西山永定河文化带重要节点

地段是西山永定河文化带的重要节点，位于永定河文化带西端，同区域协同发展带相呼应。在门头沟区规划中，文化带对门头沟全区有扩散性影响。其中，斋堂镇、王平镇、军庄镇重要节点城镇，其发展受永定河影响较大。

- 节点城镇

[定位2] 门头沟区旅游服务枢纽

地段是旅游服务的重要枢纽。在门头沟区规划中，以新城休闲公园环为主，分为深山生态保育区、浅山生态修复区等。生态环境适宜休闲和度假。其中斋堂镇、王平镇、妙峰山镇为重要节点。

- 森林公园
- 自然保护区
- 节点城镇

[定位3] 京西特色休闲度假基地

地段是京西特色休闲胜地、生态涵养区之一。据门头沟区规划，有中关村门头沟园这一科技园，也有军庄龙泉和羹药健康等产业集聚区，还有"一线四矿"文旅体验休闲区，以及广泛分布的"门头沟小院"度假区。

- 门头沟小院
- 产业聚集区

[旅游资源] 周边风景区众多，适宜发展旅游

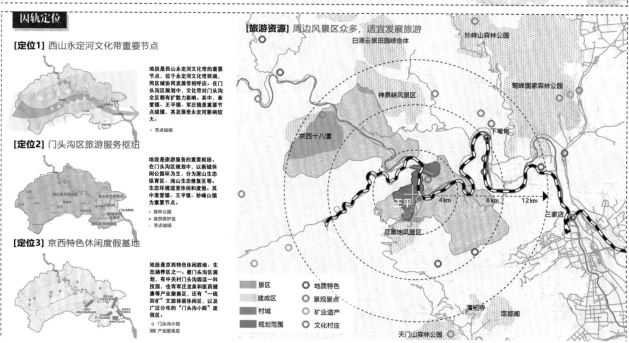

- 景区
- 建成区
- 村域
- 规划范围
- 地质特色
- 景观景点
- 矿产遗产
- 文化村庄

山河永定·交织乐园 —— TOD导向的田园游乐综合体规划

在地探源

[村域综述] 区位便利，用地零散

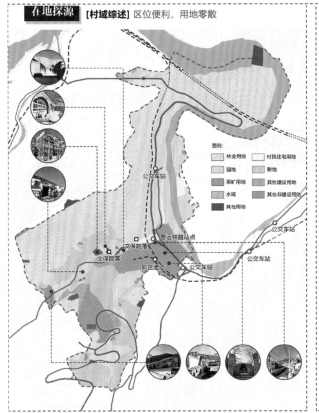

图例：
- 林业用地
- 园地
- 采矿用地
- 水域
- 其他用地
- 村民住宅用地
- 耕地
- 其他建设用地
- 其他非建设用地

公交车站
宫运铁路站点
文保院落
矿区遗迹
公交车站
公交车站

要素六加一

[空间要素] 山水林村镇矿轨

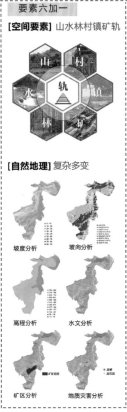

山 / 村 / 镇 / 矿 / 林 / 水 / 轨

[自然地理] 复杂多变

坡度分析　坡向分析
高程分析　水文分析
矿区分析　地质灾害分析

空间有形味

[山水格局] 山高水长，韵味无穷

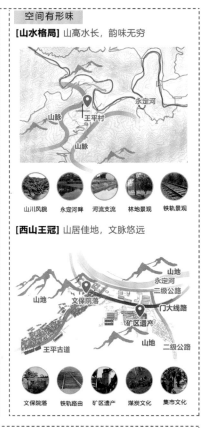

永定河
山脉　王平村
山脉

山川风貌　永定河畔　河流支流　林地景观　铁轨景观

[西山王冠] 山居佳地，文脉悠远

山地
永定河
二级公路
山地
文保院落
门大线路
矿区遗产
王平古道
山地
二级公路

文保院落　铁轨路由　矿区遗产　煤炭文化　集市文化

问题小结

[新旧割裂] 新旧交替下历史空间破碎化

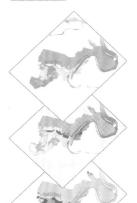

山水景观遗存

东、西王平村位于北京市门头沟区中东部，地处北京西山中山区向低山区的过渡地带。

王平村具有优越的山水文化景观，体现京郊古村山水景观特色。

古道古村遗存

地段有王平古道遗存，王平村始存于元代，历史悠久，分为东王平村和西王平村，曾经有王平古道穿过，道路两旁商铺林立。

王平村建筑质量中等，古村风貌保留尚可，东王平村西侧存在保护院落一处。

铁轨矿场遗存

王平村周边矿产资源丰富，20世纪90年代初期建设门大线铁路，进行矿区开发，留存王平矿区一处，遗址建筑质量独特。1994年王平矿停产，矿区产业亟待转型。

[肌理割裂] 空间本底优良，镇—村—矿割裂

基底现状分析：空间零散，重点要素待组织

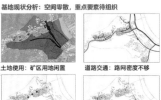

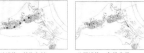

土地使用：矿区用地闲置
道路交通：路网密度不够

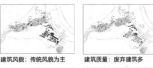

基础设施：较为欠缺
公服设施：有待完善

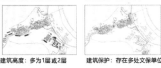

建筑风貌：传统风貌为主
建筑质量：废弃建筑多

建筑高度：多为1层或2层
建筑保护：存在多处文保单位

[功能割裂] 家庭团体旅游需求待满足

人群需求：人群多元，功能类型破碎，无法满足全龄需求

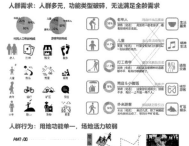

老年人
儿童
村民
打工者
儿童
外来游客
商店 & 小摊贩

人群行为：用地功能单一，场地活力较弱

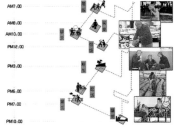

AM7:00
AM8:00
AM10:00
PM12:00
PM3:00
PM5:00
PM7:00
PM10:00

问题回应

PAST
割裂与封闭

FUTURE
交织与开放

■ **1800s：京西古道承载商业职能**
地段功能以农业为主，王平区域依托承载乡村商业职能的京西古道繁荣发展。

■ **1900s：铁路承担煤矿运输功能**
门大线铁路建设，地段功能以工业为主导，煤炭工业带动乡村发展，但也带来了一系列生态环境问题。

■ **2000s：乡村空心化**
随着煤矿关停，主导产业缺失，矿—村—镇空间日益割裂，乡村空心化、人口老龄化，村庄面临转型升级的挑战。

■ **2022年展望——TOD带动打造交织乐园**
未来规划的门大线王平客运站。方案中客运站点由TOD带动，促进乡村振兴，构建有历史底蕴和文化特色的美丽乡村。

山河永定·交织乐园 ——TOD导向的田园游乐综合体规划

 叁/韵味

构建思路

[发展契机] 乡村振兴战略、"一线四矿"

乡村振兴战略
- 强调应重塑城乡关系，城乡融合发展。
- 重视完善农村经济制度，城乡共同富裕。
- 强调人与自然和谐共生，绿色发展。

"一线四矿"规划
- 强调系统谋划北京煤矿遗存，利用废弃矿区。
- 重视生态文旅新业态打造。

[概念衍生] 韵味理论

基本定义
- 韵味理论起源于司空图提出的论诗主张"韵味说"，力求探索"象外之象""景外之景"，建立"味外之旨""韵外之致"，实现诗歌入神的韵味。

体现层级
- **山水韵味**：打造城市山林、西山之园，力图实现可望、可行、可居、可游，虚实相间，动静相宜。
- **文化韵味**：打造文化苦旅、西山圣地，依托西山古道文化、煤炭工业文化、生态旅游文化、创新创意文化等，发展打造多元活力地块。
- **休闲韵味**：打造极乐之地、西山乐园，包括运动乐园、儿童乐园、康养乐园、乡居乐园等，力求深度运动、深度康养、深度放空。

概念阐释

[概念阐释] 三位一体

韵味产业
- 循轨探源，挖掘民俗、煤矿文化。
- 韵味新生，引入新兴文旅产业。

韵味空间
- 有机联络，TOD打造一体化设计。
- 村矿共生，产业激活带动配套设施建设。

韵味联通
- 渐进更新，重视自下而上的村民公众参与。
- 多元衍生，为村民、游客提供多样服务。

结构框图

人群定位

[目标人群] 全龄目标人群定位

家庭游客
- 重视儿童友好型场地建设
- 引入亲子游乐场地职能

青年游客
- 构建多样的玩乐健身空间
- 利用营销等手段吸引青年

老年游客
- 重视功能适老性配套
- 构建无障碍步行体系

王平村村民
- 引入三产带动就业
- 重视村庄配套设施建设

[功能定位] TOD导向的田园游乐综合体

战略定位
- TOD导向的田园游乐综合体

主体功能
- 矿区文旅转型
- 民俗体验基地
- 京西乡游服务

发展目标
- 北京市京郊乡村度假休闲旅游目的地
- 门头沟区最美乡村示范基地
- 一线四矿区域一体化发展的服务节点
- 王平镇产业增长极
- 周边村落经济增长的火车头

区域韵酿

[结构策划] 一轴多核

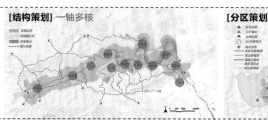

[分区策划] 四区多节点

村域韵酿

[旅游策划] 满足多元人群需求

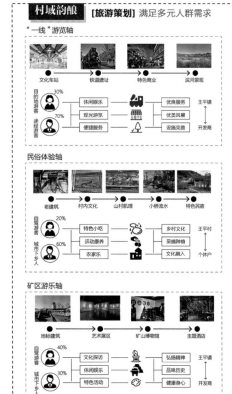

规划结构 三轴四区

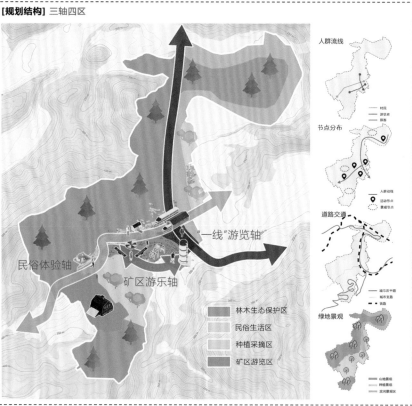

"一线"游览轴
民俗体验轴
矿区游乐轴

人群流线
节点分布
道路交通
绿地景观

林木生态保护区
民俗生活区
种植采摘区
矿区游览区

山河永定·交织乐园 ——TOD导向的田园游乐综合体规划

肆/新生

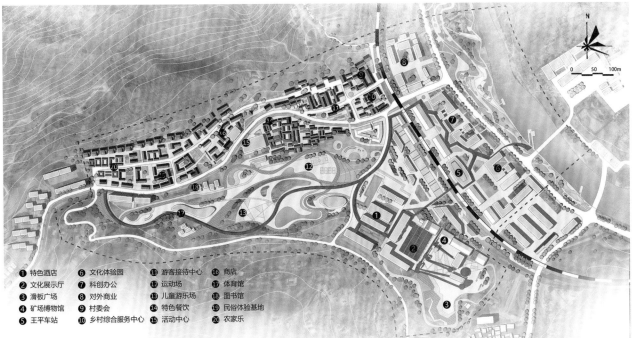

① 特色酒店	⑥ 文化体验园	⑪ 游客接待中心	⑯ 商店
② 文化展示厅	⑦ 科创办公	⑫ 运动场	⑰ 体育馆
③ 滑板广场	⑧ 对外商业	⑬ 儿童游乐场	⑱ 图书馆
④ 矿场博物馆	⑨ 村委会	⑭ 特色餐饮	⑲ 民俗体验基地
⑤ 王平车站	⑩ 乡村综合服务中心	⑮ 活动中心	⑳ 农家乐

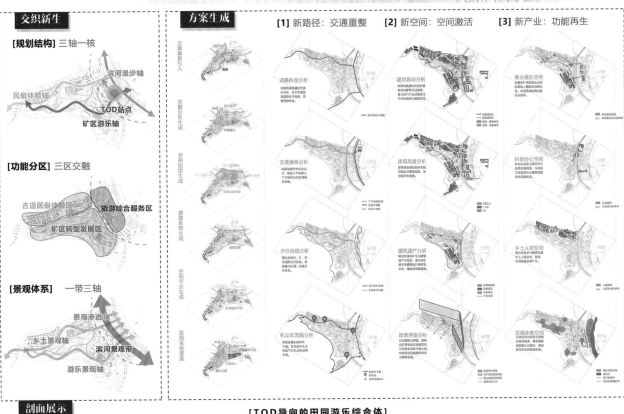

交织新生

[规划结构] 三轴一核

滨河漫步轴
民俗体验轴
TOD站点
矿区游乐轴

[功能分区] 三区交融

古道民俗体验区
旅游综合服务区
矿区转型发展区

[景观体系] 一带三轴

景观渗透轴
乡土景观轴
滨河景观带
游乐景观轴

方案生成

[1] 新路径：交通重整　　**[2] 新空间：空间激活**　　**[3] 新产业：功能再生**

立体廊架引入
功能分区生成
空间组团生成
道路系统生成
空间节点生成
景观系统营造

道路拆改分析
交通换乘分析
步行流线分析
机动车流线分析

建筑拆改分析
建筑高度分析
建筑遗产分析
建筑界面分析

商业娱乐空间
科创办公空间
乡土人居空间
景观体统空间

剖面展示

[TOD导向的田园游乐综合体]

山河永定·交织乐园 ——TOD导向的田园游乐综合体规划　　伍/营建

改造策略

[1] 多元人群服务

老人　村民　创客
亲子　企业
青年

[2] 节点关联构建

步行空间
永定河畔

[3] 模块化场地设计

夹缝绿地　楼间绿化　荫蔽空间
廊道绿化　模块景观　村宅改建

■ 古今缝合——乡土体验区

功能缝合的乡土建筑群，包括餐饮、休息、娱乐、住宿等职能，景观独特，具有京西传统乡村特色。

■ 村镇缝合——滨河休闲带

基于轨轨道由规划带状公园，沿永定河的一线四矿线路串连续的景观系统，打造宜人的绿行空间，具有生态性、功能性。

■ 村矿缝合——矿区体验园

基于旧王平矿区，打造服务全龄人的矿区体验园。包括原历史博物馆、艺术馆、休闲馆、健身场等，通过连廊将矿区纳入景介系统。

■ 景地缝合——亲子游乐园

基于丘陵地带建地，打造面向亲子活动的游乐服务设施。构筑多样化运动场地，强调规范设施与自然浑然一体，景体设计。

改造方案

[滨河场地改造] 多元手法

服务空间　趣味空间
湿地栈道　人行步道
观景平台　休憩台阶

[矿区建筑改造] 拆改结合

原办公楼　特色酒店　居民公共空间　引入创意展廊　特色酒店

原选煤楼　建筑结构调整　文创中心

廊架置入　立面改造　结构改造

[古村民居改造] 重点改建

原始民宅　增设灰空间　特色餐饮

村宅立面改造　特色院落设计

平面改建

鸟瞰效果　改造前　改造后

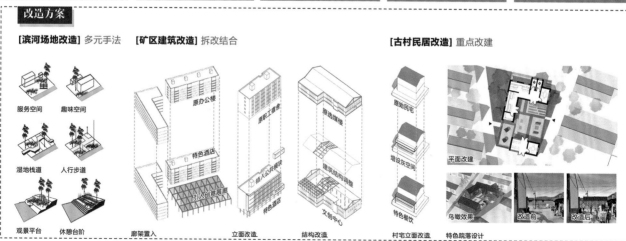

山河永定·交织乐园 ——TOD导向的田园游乐综合体规划

陆/交响曲

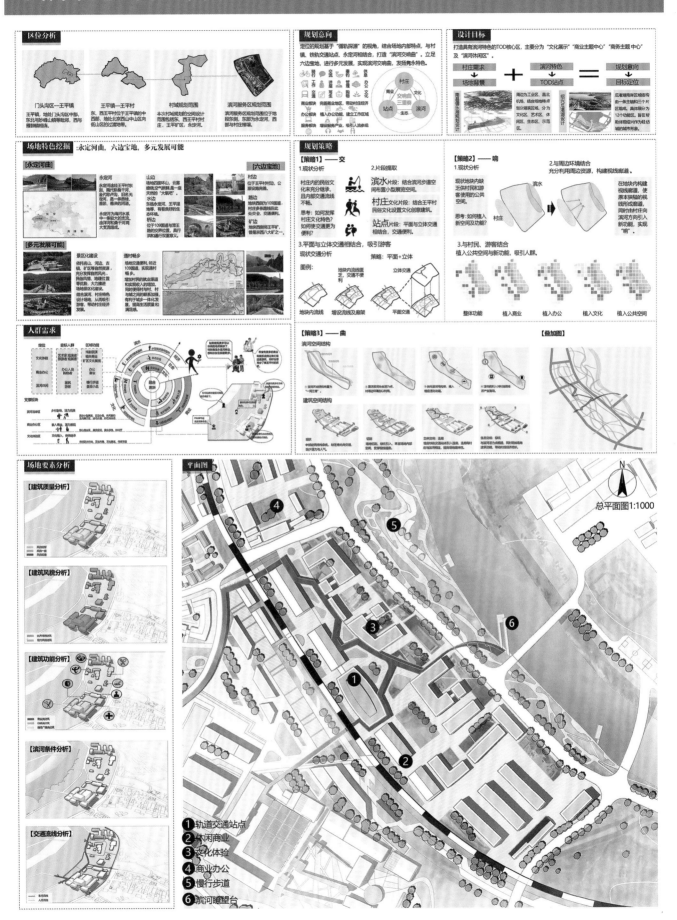

区位分析

门头沟区一王平镇
王平镇，地处门头沟区中部，东北与妙峰山镇等相毗邻，西与雁翅镇相连。

王平镇一王平村
东、西王平村位于王平镇的中西部，地处北京西山中山区向低山区的过渡地带。

村域规划范围
本次村域规划的空间设计范围包括东东、西王平村村庄，王平矿区，永定河。

滨河服务区规划范围
滨河服务区规划范围位于地段内，东部为永定河，西部与白龙潭。

规划意向

定位的规划基于"循轨探源"的视角，结合场地内部特点，与村镇、铁轨交通站点、永定河相结合，打造"滨河交响曲"及"滨河休闲区"。立足六边宝地，进行多元发展，实现滨河交响曲，发扬隽永特色。

设计目标

打造具有滨河特色的TOD核心区，主要分为"文化展示""商业主题中心""商务主题中心"及"滨河休闲区"。

村庄需求 + 滨河特色 = 规划意向
场地背景 + TOD站点 = 目标定位

场地特色挖掘：永定河曲，六边宝地，多元发展可能

【永定河曲】

【六边宝地】

【多元发展可能】

人群需求

规划策略

【策略1】——交

1.现状分析

2.片段提取
滨水片段：结合滨河步道空间布置小型展览空间。
村庄文化片段：结合王平村民俗文化设置文化创意建筑。
站点片段：平面与立体交通相结合，交通便利。

3.平面与立体交通相结合，吸引游客
现状交通分析
图例：
策略：平面+立体

【策略2】——响

1.现状分析

2.与周边环境结合
充分利用周边资源，构建视线通道。

3.与村民、游客结合
植入公共空间与新功能，吸引人群。

整体功能　植入商业　植入办公　植入文化　植入公共空间

【策略3】——曲

滨河空间结构

建筑空间结构

【叠加图】

场地要素分析

【建筑质量分析】

【建筑风貌分析】

【建筑功能分析】

【滨河条件分析】

【交通流线分析】

平面图

总平面图1:1000

N

① 轨道交通站点
② 休闲商业
③ 文化体验
④ 商业办公
⑤ 慢行步道
⑥ 滨河瞭望台

山河永定·交织乐园 ——TOD导向的田园游乐综合体规划

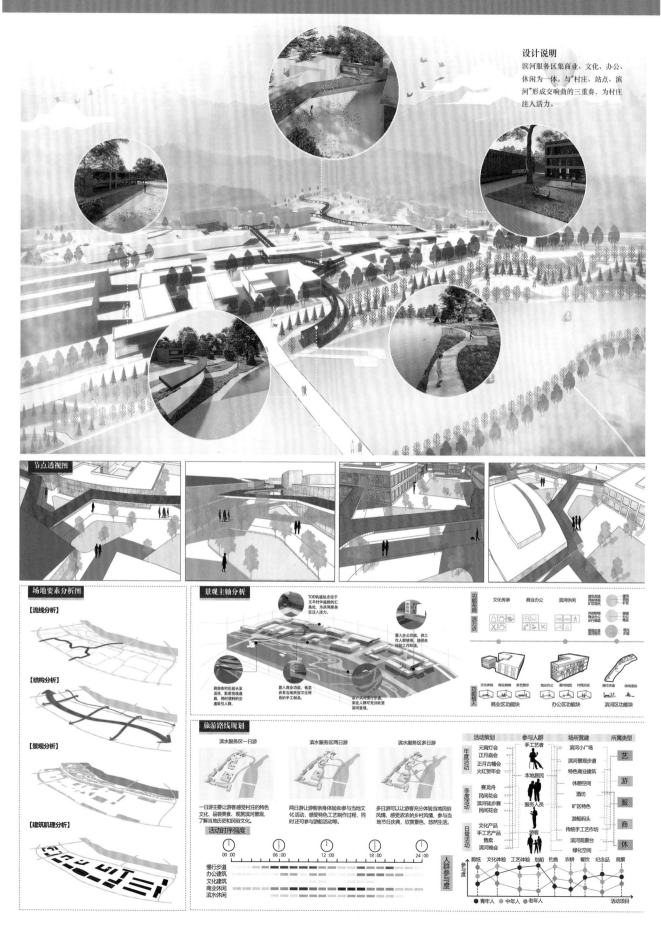

设计说明
滨河服务区集商业、文化、办公、休闲为一体。与"村庄、站点、滨河"形成交响曲的三重奏，为村庄注入活力。

山河永定·交织乐园 —— TOD导向的田园游乐综合体规划

捌/织锦绣

① 农家乐、民宿区
② 疗养别墅
③ 民俗体验基地
④ 特色种植
⑤ 餐饮休闲
⑥ 街角绿地
⑦ 小型茶社
⑧ 游客接待中心
⑨ 乡村综合服务中心

人口概况

村民468户 　人口628人

两普人口　东王平村　西王平村
年龄结构　青年　中年　老年
文化程度　大学及以上　中学　小学　高中
就业水平　就业　无工作

听村民说

村里没有能留住年轻人的产业。　村民1
下一代都不在身边。　村民3、4
村面上都得没什么了？　村民2
没有玩乐的地方。
为王平而来。　游客

村民意见

总结思考

问题梳理

人口
村庄老龄化严重，人口流失。

生活
家族氛围渐衰，生活质量较低。

空间
原有空间功能衰退，空间优势丢失。

产业
产业结构失衡，未形成新结构。

规划思考

如何织补村庄的公共空间？
村庄需要引进哪些生态功能？
村庄的交通如何梳理？

现状分析

[用地性质]
居住为主，用地不集约，大量建筑废弃。

[交通系统]
道路分为主干道、次干道和巷道三个层次。路况较差，道路两侧绿化亟须提升改造，还存在一些死胡同且不能形成环路等问题。

[建筑价值]
现状村民住宅以1979—2000年的建筑为主，有部分新宅和老宅。住宅以集中布置，少量院落闲置无人居住，未来有改造成民宿的条件。

[基础设施]
公共服务设施和基础设施欠缺，村内商店较少且西王平村缺乏医务室和老年驿站等。

规划目标

溯轨历史
多元协同共治
宾客和臻共享
韵味定位
优化建筑功能　维护院落格局
完善基础设施　道路情况修复

山河永定
矿区文化添入　体验乡村生活
交织乐园　新生策略

优势
方式　织 新路径　锦 新功能　绣 新生态
缺陷
空间结构　两横　两纵　三片区

共享　韵味　新村

寻找一种全新的更新模式，打造目标

策略应对：创造乡村公共服务活力

Step1.分析场地功能和建筑价值。
东王平村　西王平村　保护建筑

Step2.利用原有景观和工业建筑。
保留区　整治区　重建区

Step3.塑造矿区文化传承带。
民俗体验轴　村庄游览轴

Step1.促进形成乡村环路。
村庄小路　村庄主路

Step2.引入多样化公共服务设施。
古树

Step3.创造村庄活力服务路。
服务范围　活力点

山河永定·交织乐园 ——TOD导向的田园游乐综合体规划

玖/织锦绣

新生态

生态节点改造

东王平村街角生态节点
拆除沿街破旧、无人居住的建筑，增加绿地、景观水系和活动空间。

西王平村滨水生态节点
打通西王平村南北向道路，打造生态水池，增加村庄活力与生机。

东、西王平村生态公园节点
明确划分东、西王平村界限，修建生态公园，在完善生态的同时，增加两村村民交往空间。

西王平村生态运动节点
在西王平村村口拆除废弃建筑，修建运动场地和绿化景观，为人们提供运动和休憩空间。

环境整治

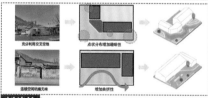

新功能

改造前

改造后

新建筑

居住建筑改造

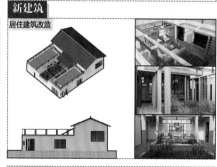

人群路径规划

新路径

主要路径节点

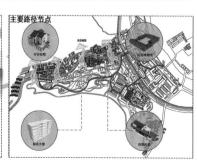

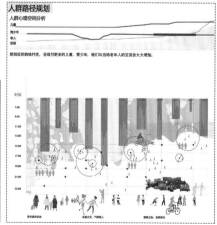

山河永定·交织乐园——TOD导向的田园游乐综合体规划　拾/新生活

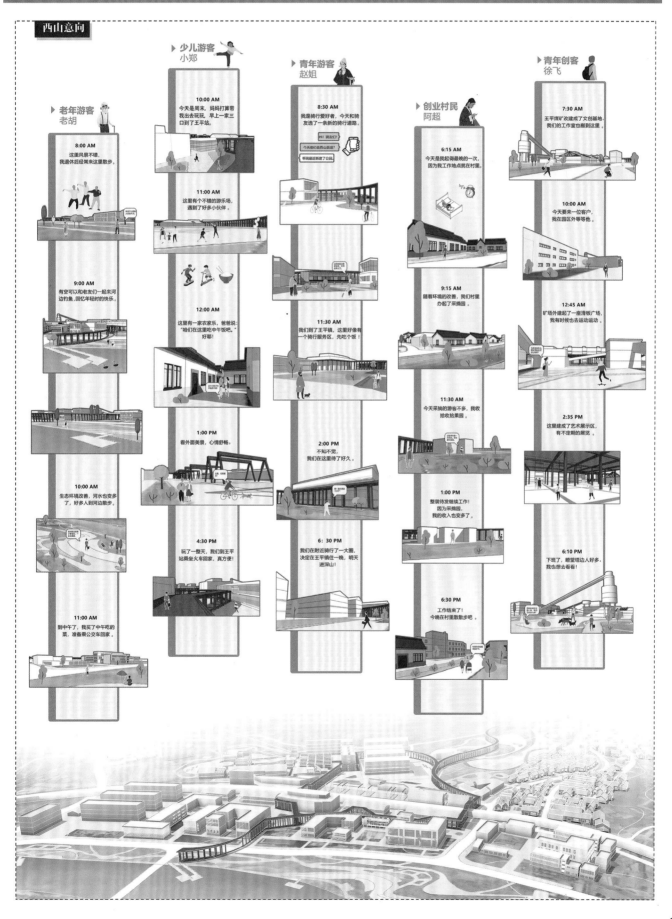

寻忆·乡愁——北京长城文化带中传统村落有机更新环境设计

设计说明

本次设计立足于北京长城文化带和门头沟区整体发展需求，提取了沿河城村和燕家台村两处典型的传统村落作为设计对象，从建筑、景观和室内等多方面对村中节点进行了全面的更新设计，体现了传统文化韵味，丰富了村民日常生活需求，提升了村落整体环境品质，探索了传统村落环境设计有机更新的有效途径。

指导教师

韩风

美丽乡村追求的是人与环境的和谐共处。我们不断思考，从宏观、中观和微观尺度上，为村落和百姓切实解决一些问题。很荣幸能有机会与其他院校和团队进行交流，此次联合毕业设计有助于学生拓宽视野，全面提升设计能力。

小组成员

王晨宇

非常感谢韩风老师在这次毕业设计中的耐心指导，也感谢同学们对我的帮助。光阴似箭，大四下学期的时间很快就过去了，历经几个月的奋战，我的毕业设计也终于完成了。这次毕业设计让我成长了不少，让我明白真正做好一件事是不容易的，不论最后成绩如何，这一段经历将是我研究生入学前一份宝贵的财富。我的本科生活即将结束，但更进一步的成长才刚刚开始。"往事暗沉不可追，来日之路光明灿烂"，最后，祝愿陪伴我四年的各位敬爱的老师和亲爱的同学都有光明灿烂的未来。

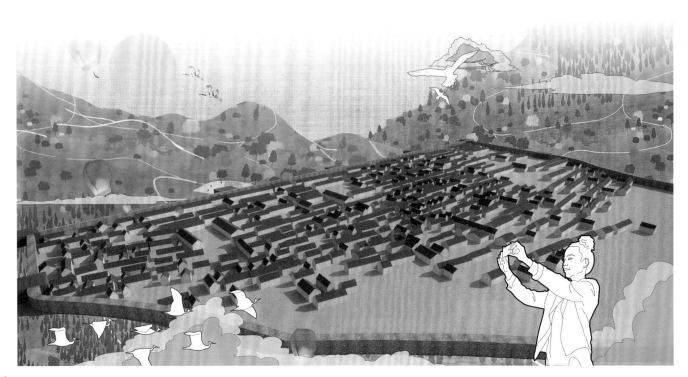

寻忆·乡愁——北京长城文化带中传统村落有机更新环境设计 I

寻忆·乡愁——北京长城文化带中传统村落有机更新环境设计 II

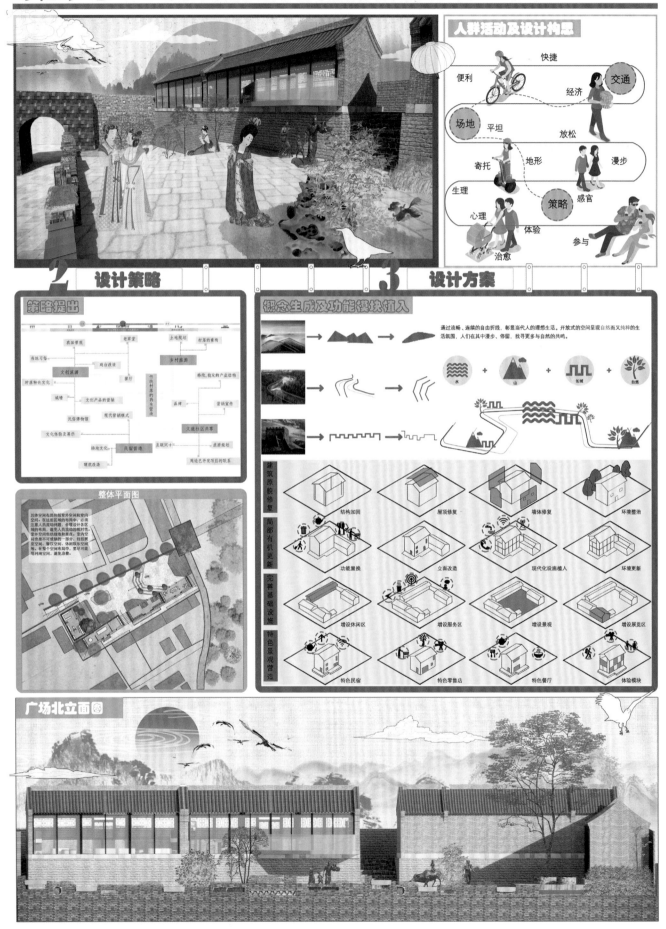

寻忆·乡愁——北京长城文化带中传统村落有机更新环境设计 Ⅲ

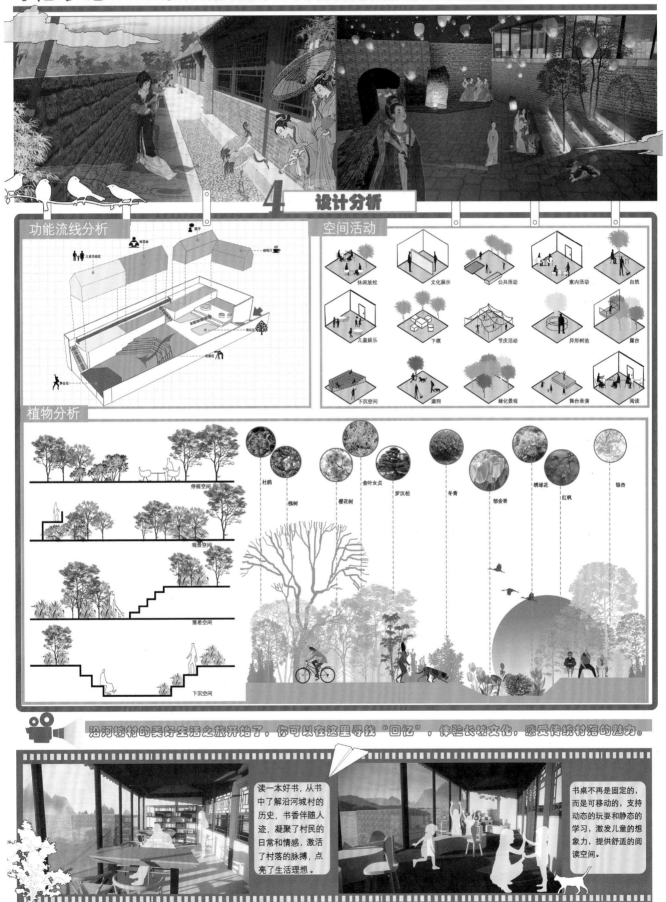

4. 设计分析

功能流线分析

空间活动

休闲放松　文化展示　公共活动　室内活动　自然

儿童娱乐　下棋　节庆活动　异形树池　露台

下沉空间　遛狗　绿化景观　舞台表演　阅读

植物分析

停留空间

观景空间

落差空间

下沉空间

杜鹃　槐树　樱花树　金叶女贞　罗汉松　冬青　郁金香　绣球花　红枫　银杏

沿河城村的美好生活之旅开始了，你可以在这里寻找"回忆"，体验长城文化，感受传统村落的魅力。

读一本好书，从书中了解沿河城村的历史，书香伴随人迹，凝聚了村民的日常和情感，激活了村落的脉搏，点亮了生活理想。

书桌不再是固定的，而是可移动的，支持动态的玩耍和静态的学习，激发儿童的想象力，提供舒适的阅读空间。

寻忆·乡愁——北京长城文化带中传统村落有机更新环境设计　Ⅳ

戏 · 游沿河 ——北京长城文化带中传统村落有机更新环境设计

设计说明

本次设计立足于北京长城文化带和门头沟区整体发展需求，提取了沿河城村和燕家台村两处典型的传统村落作为设计对象，从建筑、景观和室内等多方面对村中节点进行了全面的更新设计，体现了传统文化韵味，丰富了村民日常生活需求，提升了村落整体环境品质，探索了传统村落环境设计有机更新的有效途径。

指导教师：韩风

美丽乡村追求的是人与环境和谐共处。我们不断思考，从宏观、中观和微观尺度上，为村落和百姓切实解决一些问题。很荣幸能有机会与其他院校和团队进行交流，此次联合毕业设计有助于学生拓宽视野，全面提升设计能力。

小组成员：张辰冉

感谢韩风老师对我的指导，其通过线下调研和线上调研等方式向我们展示了传统村落有机更新的方法。通过此次毕业设计，我对于传统文化的传承和发展有了更深刻的认识，也对自己的专业有了更进一步的了解，为四年大学生活画上圆满的句号。

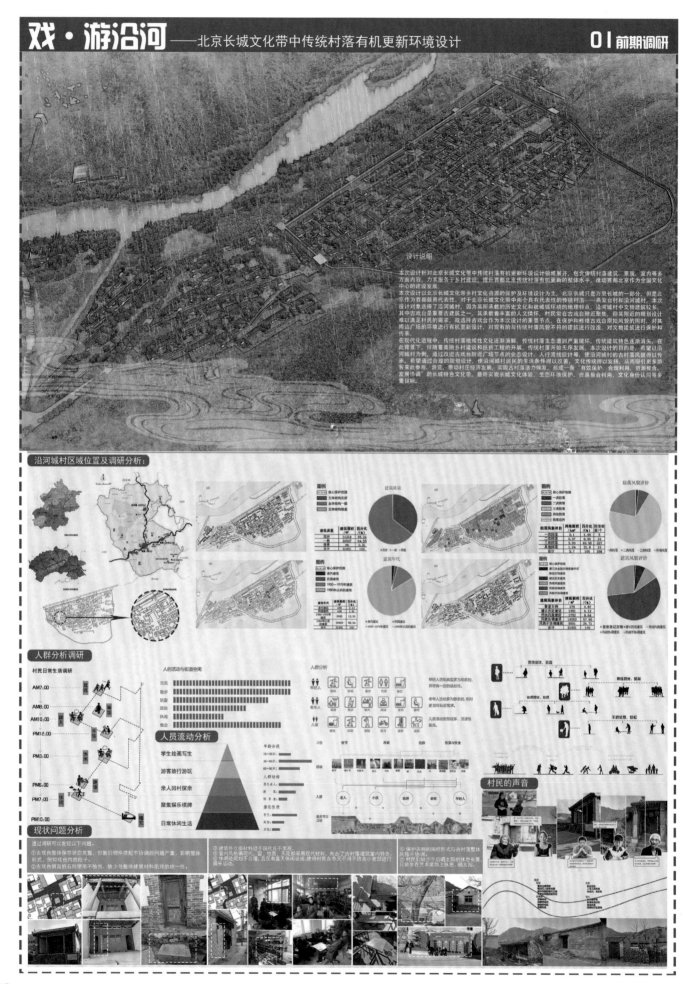

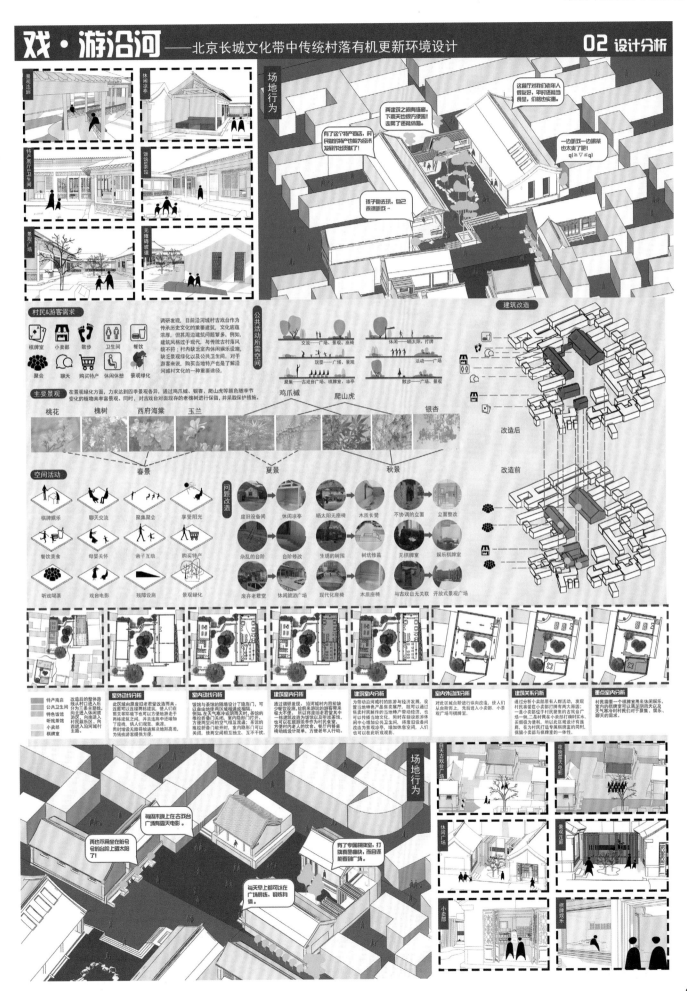

戏·游沿河——北京长城文化带中传统村落有机更新环境设计

02 设计分析

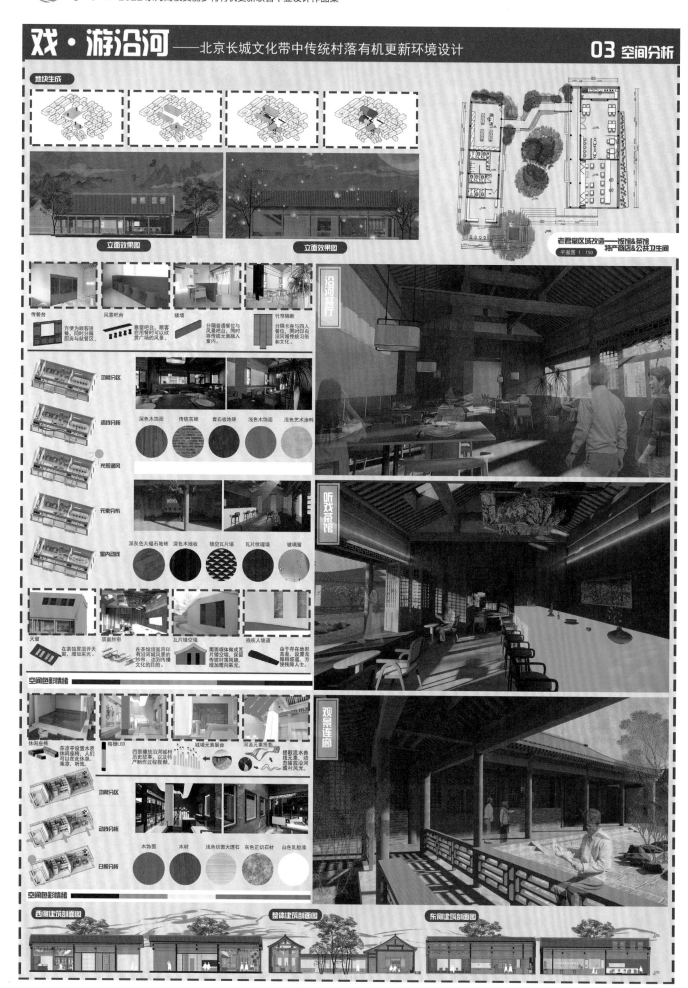

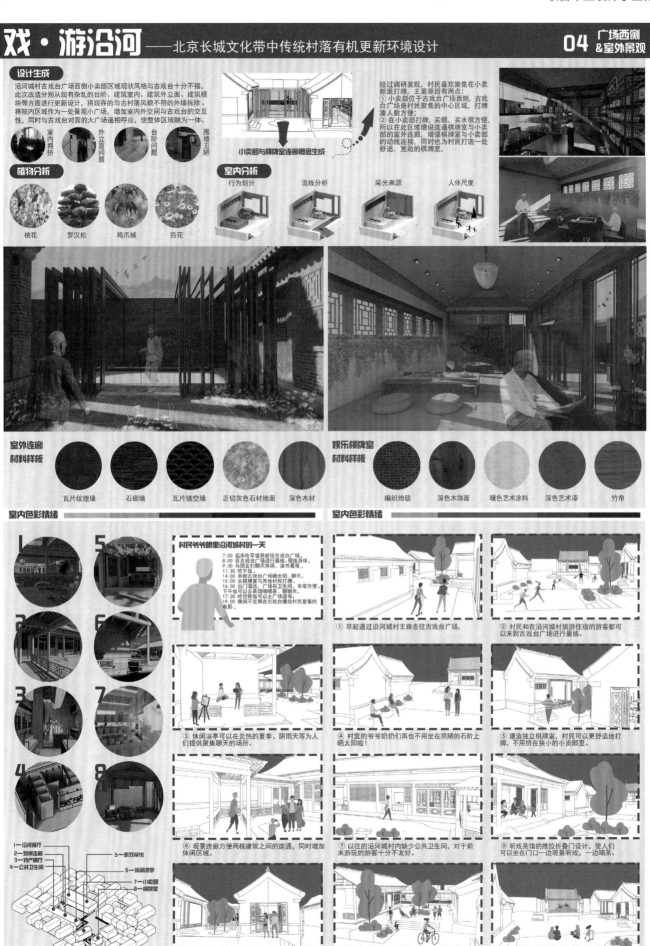

戏·游沿河——北京长城文化带中传统村落有机更新环境设计

设计生成

沿河城村古戏台广场西侧小卖部区域现状风格与古戏台十分不搭，此次改造分别从现有杂乱的台阶、建筑室内、建筑外立面、建筑模块等方面进行更新设计，将现存的与古村落风貌不符的外墙拆除，将院内区域作为一处景观小广场，增室内外空间与古戏台的交互性，同时与古戏台对面的大广场遥相呼应，使整体区域融为一体。

- 室内拥挤
- 外立面问题
- 台阶问题
- 围墙丑陋

小卖部与棋牌室连廊概念生成

经过调研发现，村民喜欢聚集在小卖部里打牌，主要原因有两点：
① 小卖部位于古戏台广场西侧，古戏台广场是村民聚集的中心区域，打牌凑人数方便；
② 在小卖部打牌，买烟、买水很方便，所以在此区域增设连通棋牌室与小卖部的室外连廊，增强棋牌室与小卖部的动线连接，同时也为村民打造一处舒适、宽敞的棋牌室。

植物分析

- 桃花
- 罗汉松
- 鸡爪槭
- 百花

室内分析

- 行为划分
- 流线分析
- 采光来源
- 人体尺度

室外连廊 材料样板

- 瓦片纹理墙
- 石砌墙
- 瓦片镂空墙
- 正切灰色石材地面
- 深色木材

娱乐棋牌室 材料样板

- 编织地毯
- 深色木饰面
- 暖色艺术涂料
- 深色艺术漆
- 竹帘

室内色彩情绪

室内色彩情绪

村民爷爷眼里沿河城村的一天

- 7:00 起床吃早饭后前往古戏台广场。
- 8:00 在古戏台广场进行晨练、锻炼身体。
- 9:30 与朋友们聊天休闲、读书看报。
- 11:30 吃午饭。
- 14:00 来到古戏台广场晒太阳、聊天。
- 15:00 去棋牌室与其他村民打牌。
- 16:00 出门溜达，广场有卫生间，非常方便。下午也可以去菜地种蔬菜、聊聊天。
- 17:30 带宠物散步可以去广场遛弯。
- 19:00 晚间不定期在古戏台播放村民爱看的电影。

① 早起通过沿河城村主路去往古戏台广场。

② 村民和在沿河城村旅游住宿的游客都可以来到古戏台广场进行晨练。

③ 休闲凉亭可以在炎热的夏季、阴雨天等为人们提供聚集聊天的场所。

④ 村里的爷爷奶奶们再也不用坐在简陋的石阶上晒太阳啦！

⑤ 建造独立棋牌室，村民可以更舒适地打牌，不用挤在狭小的小卖部里。

⑥ 观景连廊方便两栋建筑之间的连通，同时增加休闲区域。

⑦ 以往的沿河城村内缺少公共卫生间，对于前来游玩的游客十分不友好。

⑧ 听戏茶馆的推拉折叠门设计，使人们可以坐在门口一边观景听戏，一边喝茶。

⑨ 小卖部棋牌室区域拆除原有围挡墙体，增加与古戏台的交互性。

⑩ 广场增加景观绿化，提升村内生态活力，打造村内"绿洲"，强调古戏台广场为沿河城村的中心。

⑪ 古戏台在夜晚不定期进行电影播放，丰富村民生活，吸引外来游客打卡拍照。

- 1—沿河阁厅
- 2—观景屋面
- 3—特产区
- 4—公共卫生间
- 5—听戏茶馆
- 6—休闲凉亭
- 7—小卖部
- 8—棋牌室

北京林业大学

Ⓖ Mine³——王平村矿工业遗址更新设计

Mine³ ——王平村矿工业遗址更新设计

设计说明

本次设计通过对场地特有的煤矿、村落与古道资源的分析，挖掘场地在文化、经济、人文方面的发展潜力与价值，提出 "mine cube" 这一设计理念，将煤矿蕴含的历史、催生的特色空间及形成的特定群体三个维度作为规划设计的考虑方向，并在产业、历史、生态、空间、功能、设施等方面提出六大规划策略。通过在场地内植入八大分区，以及对场地的结构、交通、景观系统进行规划设计，以期能够延续并重塑场地特色文化，改善场地环境质量，激活王平村经济活力。通过场地的建设来服务多元群体，提升人民的幸福感，将场地打造成为京西城郊游乐胜地。

指导教师

李翅
北京林业大学园林学院
城乡规划系主任、教授、
博士生导师，国家注册规
划师

高原
北京林业大学园林学院
城乡规划系讲师

京西"一线四矿"是后碳时代首都生态文明发展的示范区，也是本次美丽乡村设计的一大亮点。规划和治理后的废弃矿区，可能成为大都市市民康养休闲的后花园，传统村落保护传承与产业升级转型的典范，以及"金山银山"的一角。很荣幸和同学们一起参加此次毕业设计，为他们取得的成果感到高兴！

小组成员

程嘉璐
北京林业大学园林学院
城乡规划系2017级本科生

莫毅艳
北京林业大学园林学院
城乡规划系2017级本科生

此次联合毕业设计，我们以"一线四矿"中的王平矿区及其周边村庄作为设计场地进行规划设计。自2022年3月发布任务书以来，我们便开始着手搜索资料进行设计。虽然由于疫情原因，我们未能返校并且未到实地进行调研，与队友只能在线上沟通联系，但最终在指导老师、其他院校的同学的帮助下，我们克服了困难，圆满地完成了此次联合毕业设计。在这小半年里，我们结识了来自其他院校的同学，互相交流、共同进步，收获了友谊和成长。我们也得到了来自本校及其他院校、设计研究院的老师和专家的指导，不断完善我们的设计方案。这几个月的不断学习让我们收获满满，今后我们将载着所有收获开启新的征程。最后，再一次感谢在联合毕业设计过程中给予我们帮助的老师和同学，也祝所有的同学毕业快乐、未来可期！

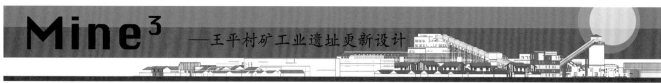

Mine³ ——王平村矿工业遗址更新设计

■ 区位分析

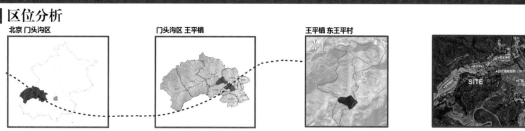

北京 门头沟区　门头沟区 王平镇　王平镇 东王平村

设计场地位于北京市门头沟区王平镇东王平村东南部,距离王平镇政府所在地250米,距离门头沟区政府所在地13.4千米,距离北京市中心35.7千米。场地内有已停运的门大铁路穿过,北侧紧邻109国道和永定河,南邻南涧村,西邻西王平村。

■ 上位规划要求

市域层面发展要求	区域层面发展要求	传统村落保护要求

门头沟作为首都西部重点生态保育区及区域生态治理协作区,绿色成为发展主旋律。
门头沟"一线四矿"是首都生态涵养区的重要展示空间,也是首都西部综合服务中心的重要组成部分。
伴随生态文明建设,京郊地区不断发展,北京**东部通州运河公园**的建设引领了东部地区休闲、娱乐、消费功能,**西部地区面临重大发展机遇。**

《门头沟分区规划(国土空间规划)(2017年—2035年)》中提出"一核""一带""两翼""四区"的规划结构,"四区"中就包括**京西煤业矿文旅区**。
积极创建**王平镇运动休闲特色小镇**,推进王平镇青少年户外营地建设。以户外运动、休闲度假为主导,打造运动体验和旅游休闲相融合的特色田园综合体,与健康养生产业融合发展,培育完整的体育产业生态链。

2022年4月,住房和城乡建设部、财政部发布《住房和城乡建设部 财政部关于做好2022年传统村落集中连片保护利用示范工作的通知》,要求各示范县编制并印发县域**传统村落集中连片保护利用规划**,北京市门头沟区等40个县(市、区)被列入2022年传统村落集中连片保护利用示范县名单。
《门头沟区王平镇东王平村美丽乡村规划》将东王平村定位为"煤矿文化展示及产业转型示范、永定河湿地风光带旅游和古道古村传统文化村落"。

■ 历史沿革

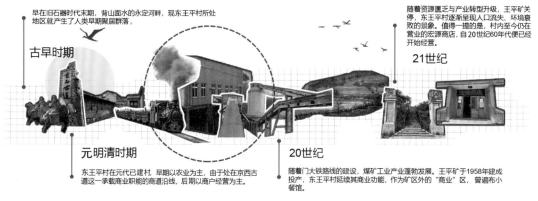

早在旧石器时代末期,背山面水的永定河畔,现东王平村所处地区就产生了人类早期聚居群落。

古早时期

随着资源匮乏与产业转型升级,王平矿关停,东王平村逐渐呈现人口流失、环境衰败的景象。值得一提的是,村内至今仍在营业的宏源商店,自20世纪60年代便已经开始经营。

21世纪

元明清时期

东王平村在元代已建村,早期以农业为主,由于处在京西古道这一承载商业职能的商道沿线,后期以商户经营为主。

20世纪

随着门大铁路线的建设,煤矿工业产业蓬勃发展。王平矿于1958年建成投产,东王平村延续其商业功能,作为矿区外的"商业"区,曾遍布小餐馆。

■ 人口分析

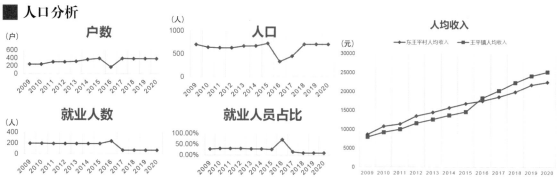

户数	人口	人均收入
就业人数	就业人员占比	

东王平村生产结构单一,曾以二产煤矿生产为主,煤矿关停后,支柱产业缺失,一产动力不足,三产发展乏力,村民收入多靠政府补贴。2020年,东王平村共382户、450人,为中型村庄,其中就业人员68人,占比15%。基于东王平村人口逐年变化图与就业人员占比逐年变化图,东王平村面临村庄人口流失问题,就业人口占总人口比重在煤矿产业退出后严重下降,多数人面临失业境况,人口老龄化现象加剧。

Mine³ ——王平村矿工业遗址更新设计

■ 北京工业遗产分析

北京存在许多已经转型的工业园区。 伴随生态文明建设，京郊地区不断发展，北京通州运河公园的建设引领了北京东部地区的休闲娱乐发展。京西煤矿作为曾经一大支柱产业，有着铁路运输线，承载着独特的文化印记，是打造北京西部地区旅游新名片的有力抓手。王平矿是"一线四矿"的首个矿区，距北京市中心最近，交通最便捷，工业遗址保存情况最佳，依托煤矿转型发展旅游潜力巨大。

■ 京西古道及周边旅游资源分析

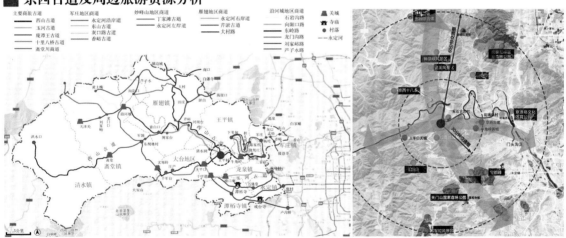

东王平村处于横向古道文化带和纵向自然风光带的交汇点。东王平村在东西向京西古道节点之上，南北向自然景区众多，可承接建设西郊旅游及相关服务设施。但不难发现，许多历史名村及传统村落分布于横向古道文化带上，相比较而言，东王平村想要避免同质化发展，应充分发挥其矿区的资源优势，在保护古村落的基础上寻找煤矿转型方向的突破口。

■ 现状条件

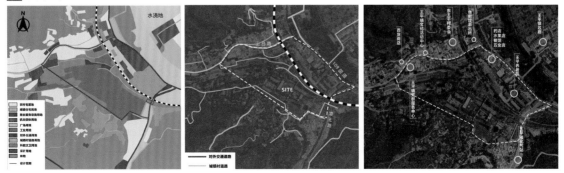

Mine³ ——王平村矿工业遗址更新设计

■ 矿区内部分析

① 主井口煤仓　　选矿车间　　装车台　　⑨ 连接栈道
② 废弃厂房　　　　　　　　　　⑥&⑦ 废弃铁轨
③ 办公楼　④办公楼(内设澡堂)　⑤ 职工宿舍　⑧ 居民区入口

图片来源：罗子瑜，曹颖. 面向旅游集散地的北京门头沟王平矿改造设计 [C]// 2021 年工业建筑学术交流会论文集（中册）. 2021：80-85+12.

■ 建筑分析

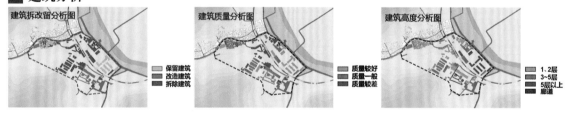

建筑拆改留分析图　　建筑质量分析图　　建筑高度分析图

■ 现状问题

支柱产业退出，活力缺失 产业结构较为单一，门头沟区煤矿全部关停退出后，该地村民出现明显收入下降和失业现象，支柱产业退出造成全区转型压力较大。同时，旅游业收入不占优势，三产收益较低，在生态涵养区处于末位。

村庄内公共服务设施有待完善，缺乏公共空间；现存道路路面质量较差，交通情况复杂，缺乏方便到达场地的道路；村民缺乏收入来源，幸福程度不高。

生态环境质量不佳

废矿闲置 破败不堪　建筑环境质量较差　古道踪迹 隐秘难寻　农村创收 动力不足

村民生活品质较低

文化资源保护与利用不到位

场地过去过度开采矿石形成矿坑，土壤受到污染，生态系统被破坏。频繁的矿业开采活动损坏了岩土体结构，场地边坡的稳定性受到影响，场地内部留存着长期堆放的煤矸石及废渣石等，不仅会引起扬尘，污染环境，还会造成崩塌。

Mine³ ——王平村矿工业遗址更新设计

■ 概念提出

"3" = 1 + 2

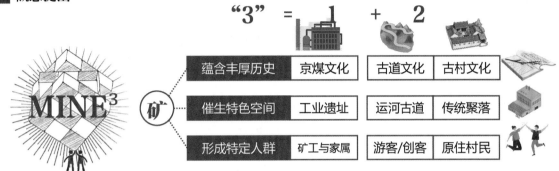

矿	蕴含丰厚历史	京煤文化	古道文化	古村文化
	催生特色空间	工业遗址	运河古道	传统聚落
	形成特定人群	矿工与家属	游客/创客	原住村民

■ 设计思路

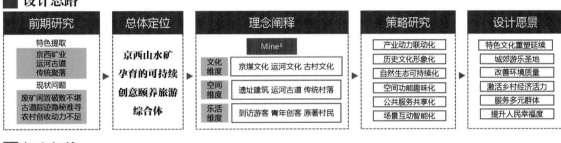

前期研究	总体定位	理念阐释	策略研究	设计愿景
特色提取 京西矿业 运河古道 传统聚落 现状问题 废矿闲置破败不堪 古道踪迹隐秘难寻 农村创收动力不足	京西山水矿孕育的可持续创意颐养旅游综合体	Mine³ 文化维度：京煤文化 运河文化 古村文化 空间维度：遗址建筑 运河古道 传统村落 乐活维度：到访游客 青年创客 原著村民	产业动力联动化 历史文化形象化 自然生态可持续化 空间功能趣味化 公共服务共享化 场景互动智能化	特色文化重塑延续 城郊游乐圣地 改善环境质量 激活乡村经济活力 服务多元群体 提升人民幸福度

■ 概念解构

概念由已存在的矿区展开多维延伸，从文化、空间、生活三个维度对以王平矿为代表的京西煤矿展开研究，以"煤矿"作为切入点，扩充煤矿这个单一要素，结合古道及村落要素，把握三者之间的互动关系，丰富概念维度。

Mine³分别从文化、空间、生活三个维度进行设计，把握片区发展基底，在此基础上进行功能植入，最后搭建云上信息联动平台，基底、功能、云上平台一一对应，打造"3×3×3"的立方模式。

■ 客群分析

- 两步路数据检索（1700+）—老、中、青年群体—徒步爱好者
- 大众点评检索（100+）—中青年群体—探险爱好者/家庭出游/休闲旅游

王平煤矿 ★★★★★ 4.9详情 108条

- 小红书检索（500+）-青年群体-约拍/摄影爱好者

互联网—曾经家属

Mine³ ——王平村矿工业遗址更新设计

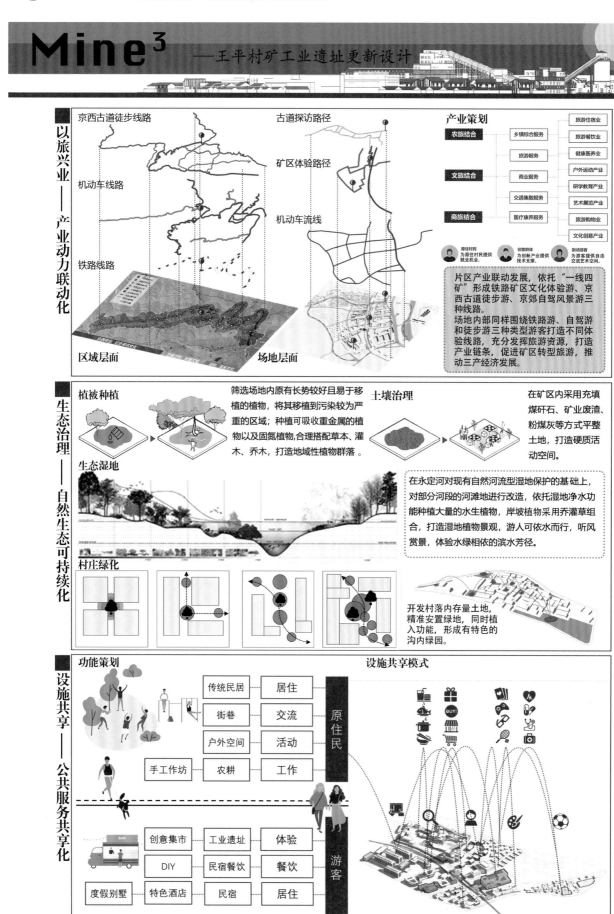

以旅兴业——产业动力联动化

京西古道徒步线路　古道探访路径

机动车线路　矿区体验路径

铁路线路　机动车流线

区域层面　场地层面

产业策划

农旅结合　乡镇综合服务　旅游住宿业 / 旅游餐饮业

旅游服务

文旅结合　商业服务　健康医养业 / 户外运动产业 / 研学教育产业 / 艺术展览产业

交通集散服务

商旅结合　医疗康养服务　旅游购物业 / 文化创意产业

原住村民 为原住村民提供就业机会。　创客群体 为创新产业提供技术支持。　到访游客 为游客提供自由交流艺术空间。

片区产业联动发展，依托"一线四矿"形成铁路矿区文化体验游、京西古道徒步游、京郊自驾风景游三种线路。
场地内部同样围绕铁路游、自驾游和徒步游三种类型游客打造不同体验线路，充分发挥旅游资源，打造产业链条，促进矿区转型旅游，推动三产经济发展。

生态治理——自然生态可持续化

植被种植　土壤治理

筛选场地内原有长势较好且易于移植的植物，将其移植到污染较为严重的区域；种植可吸收重金属的植物以及固氮植物,合理搭配草本、灌木、乔木，打造地域性植物群落。

在矿区内采用充填煤矸石、矿业废渣、粉煤灰等方式平整土地，打造硬质活动空间。

生态湿地

在永定河对现有自然河流型湿地保护的基础上，对部分河段的河滩地进行改造，依托湿地净水功能种植大量的水生植物，岸坡植物采用乔灌草组合，打造湿地植物景观，游人可依水而行，听风赏景，体验水绿相依的滨水芳径。

村庄绿化

开发村落内存量土地，精准安置绿地，同时植入功能，形成有特色的沟内绿园。

设施共享——公共服务共享化

功能策划　设施共享模式

传统民居　居住

街巷　交流

户外空间　活动　原住民

手工作坊　农耕　工作

创意集市　工业遗址　体验

DIY　民宿餐饮　餐饮　游客

度假别墅　特色酒店　民宿　居住

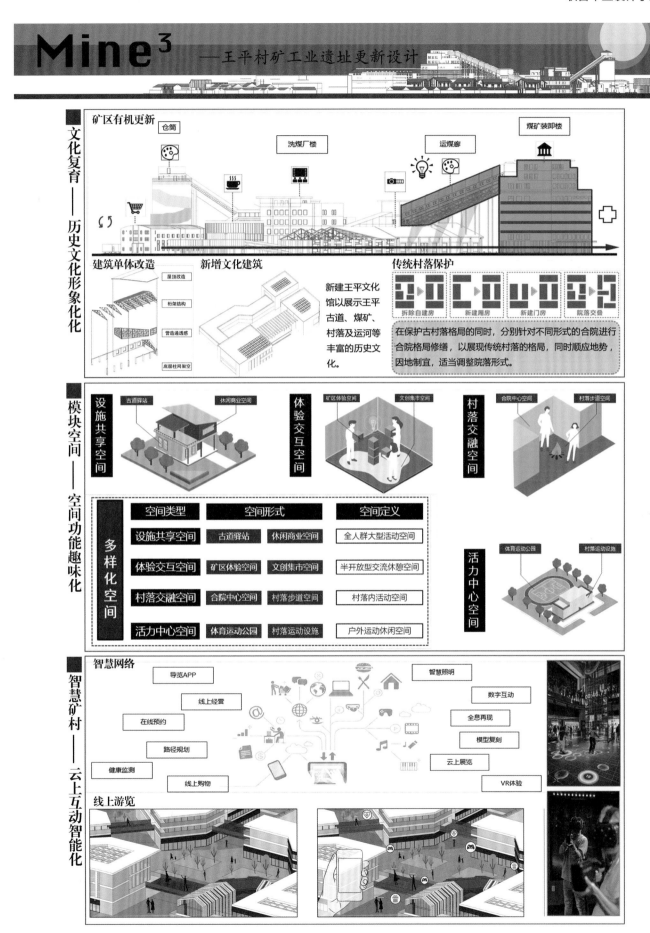

Mine³ —王平村矿工业遗址更新设计

■ 总平面图

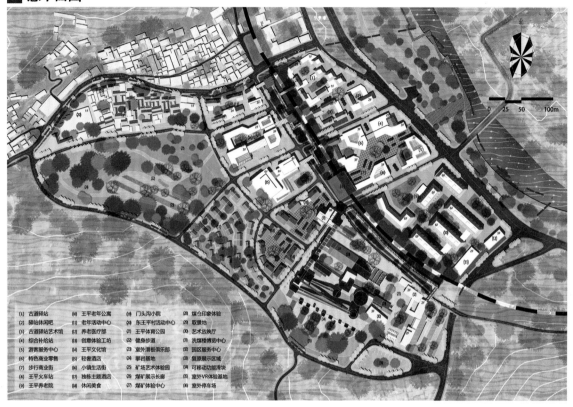

(1) 古道驿站　　(10) 王平老年公寓　　(19) 门头沟小院　　(28) 煤仓印象体验
(2) 驿站体闲吧　　(11) 老年活动中心　　(20) 东王平村活动中心　(29) 取景地
(3) 古道驿站艺术馆　(12) 养老医疗部　　(21) 王平体育公园　　(30) 艺术放映厅
(4) 综合补给站　　(13) 创意体验工坊　　(22) 健身步道　　　(31) 洗煤慢览中心
(5) 游客服务中心　(14) 王平文化馆　　(23) 室外滑板俱乐部　(32) 园区服务中心
(6) 特色商业零售　(15) 轻奢酒店　　　(24) 攀岩基地　　　(33) 复原展示区域
(7) 步行商业街　　(16) 小镇生活街　　(25) 矿场艺术体验园　(34) 可移动功能滑块
(8) 王平火车站　　(17) 独栋主题酒店　(26) 煤矿展示长廊　　(35) 室外VR体验基地
(9) 王平养老院　　(18) 休闲美食　　　(27) 煤矿体验中心　　(36) 室外停车场

■ 设计分析

设计结构

以王平火车站作为核心节点，向东西形成核心步行街，连接滨河节点；次街为京西古道徒步道，同时也是村庄主要道路和展示带。

功能分区

场地分为八个功能片区，主要有休闲商业、古道驿站、矿区体验、文化展示、宜居生活、自然生态公园等功能。

车行流线

打通场地内部对109国道的直接联络，新增横向道路；纵向加强场地内部的连通性，最终形成四横三纵的路网格局。

人行流线

考虑不同人流来向，合理规划出入口，设立立体慢行体系以减少铁路对于人行流线的阻隔。至于村路，要保证街巷的基本格局。

景观结构

景观方面，以滨河及沿铁路立体廊架为主要带状景观，与其他室外绿色空间节点形成多层次渗透。

建筑分析

建筑方面，保留王平矿区主体生产性建筑、养老片区建筑及部分村庄建筑，在此基础上进行功能更新。拆除新建商业类、文化类建筑。

Mine³ ——王平村矿工业遗址更新设计

■ 分区功能植入

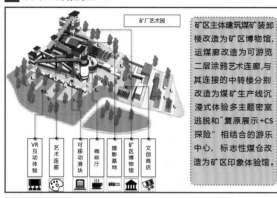

矿厂艺术园

矿区主体建筑煤矿卸矿楼改造为矿区博物馆，运煤廊改造为可游览二层涂鸦艺术连廊，与其连接的中转楼分别改造为煤矿生产线沉浸式体验多主题密室逃脱和"复原展示+CS探险"相结合的游乐中心，标志性煤仓改造为矿区印象体验馆。

VR互动体验　艺术连廊　可移动滑块　咖啡厅　摄影基地　矿区博物馆　文创商店

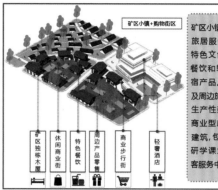

矿区小镇+购物街区

矿区小镇以打造配套式旅居服务为主，提供特色文创购物、休闲餐饮和轻奢、独栋住宿产品，可承接场地及周边旅游住宿。单层生产性建筑多改造为商业型或服务型功能建筑，包括矿区放映厅、研学课堂、咖啡厅、游客服务中心等。

矿区独栋木屋　休闲商业街　特色餐饮　周边产品零售　商业步行街　轻奢酒店

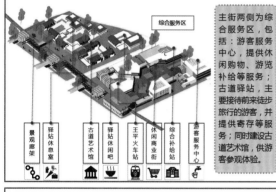

综合服务区

主街两侧为综合服务区，包括：游客服务中心，提供休闲购物、游览补给等服务；古道驿站，主要接待前来徒步旅行的游客，并提供寄存等服务；同时建设古道艺术馆，供游客参观体验。

景观廊架　驿站休息室　古道艺术馆　驿站休闲吧　王平火车站　休闲商业街　综合补给站　游客服务中心

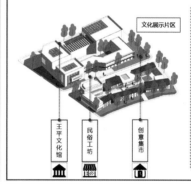

文化展示片区

文化展示片区建设王平文化馆，临近王吕路打造创意集市与民俗工坊，丰富古道沿途游览体验。此外，户外体育区依托山势打造户外运动俱乐部，凸显运动休闲小镇特点。

王平文化馆　民俗工坊　创意集市

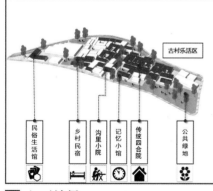

古村乐活区

古村乐活区保留村落四合院形式的空间形态，进行小微空间更新，将无人居住的房屋改造为民俗生活馆、沟里小院、乡村民宿等空间。

民俗生活馆　乡村民宿　沟里小院　记忆小馆　传统四合院　公共绿地

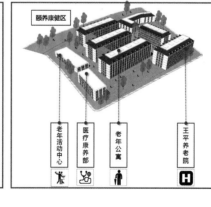

颐养康健区

颐养康健区保留了原有的形态，在此基础上进行功能更新，增设老年活动中心和医疗康养部，为养老人群提供更全面的服务设施。

老年活动中心　医疗康养部　老年公寓　王平养老院

■ 立面效果

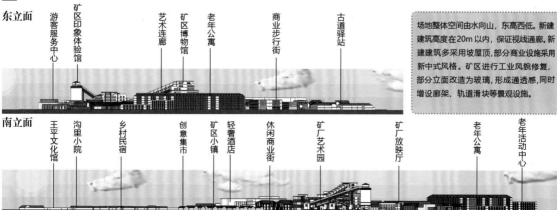

东立面　游客服务中心　矿区印象体验馆　艺术连廊　矿区博物馆　老年公寓　商业步行街　古道驿站

场地整体空间由水向山，东高西低。新建建筑高度在20m以内，保证视线廊道。新建建筑多采用坡屋顶，部分商业设施采用新中式风格。矿区进行工业风貌修复，部分立面改造为玻璃，形成通透感，同时增设廊架、轨道滑块等景观设施。

南立面　王平文化馆　沟里小院　乡村民宿　创意集市　矿区小镇　轻奢酒店　休闲商业街　矿厂艺术园　矿厂放映厅　老年公寓　老年活动中心

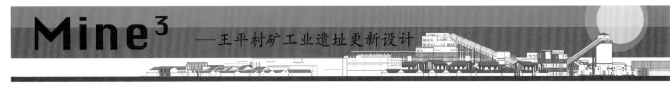

Mine³ ——王平村矿工业遗址更新设计

■ 总体鸟瞰图

■ 局部效果图

矿区活动空间效果图

火车站节点效果图

木连廊效果图

商业步行街效果图

Mine³ ——王平村矿工业遗址更新设计

■ 生活场景营造

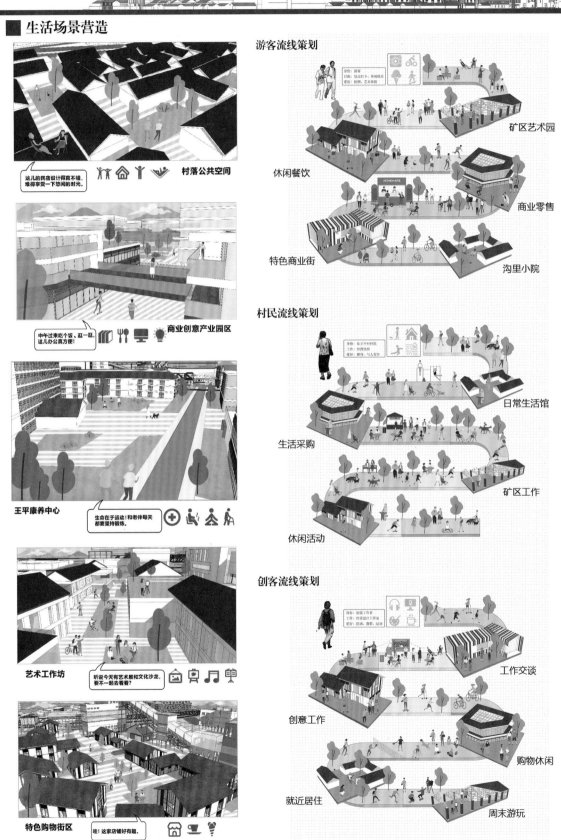

村落公共空间

这儿的民宿设计得真不错，难得享受一下悠闲的时光。

商业创意产业园区

中午过来吃个饭、逛一逛，这儿办公真方便！

王平康养中心

生命在于运动！和老伴每天都要坚持锻炼。

艺术工作坊

听说今天有艺术展和文化沙龙，要不一起去看看？

特色购物街区

哇！这家店铺好有趣。

游客流线策划

矿区艺术园
休闲餐饮
商业零售
特色商业街
沟里小院

村民流线策划

日常生活馆
生活采购
矿区工作
休闲活动

创客流线策划

工作交谈
创意工作
购物休闲
就近居住
周末游玩

北京交通大学

寻踪漫道，窑火相传——文化线路视角下的琉璃渠村规划设计

驿路烽情，居游共生——门头沟区东石古岩村有机更新设计

循轨通今，栖院山居——东石古岩村有机更新研究

古今交汇，乐享步道——北京市门头沟区王平镇东石古岩村乡村规划设计

寻踪漫道，窑火相传
——文化线路视角下的琉璃渠村规划设计

设计说明

对于传统村落，不同的人会有不同的思考，文化学者会看到非物质文化遗产，建筑学者会看到楼阁，那么对于琉璃渠村，它应该怎么样被世人看待呢？

琉璃渠村位于北京市门头沟区的龙泉镇，依山傍水，其琉璃烧制技艺为国家级非物质文化遗产。琉璃渠村历史悠久，自东魏起，西山古道便在此形成，元朝在此设置琉璃局窑厂，至清乾隆时期，修建万缘同善茶棚。

对于这样的一个传统村落，我们在保留古道文脉的基础上，尽量保留古建筑民居，对村落道路进行了重新梳理，对目前废弃的部分厂房和用地赋予新的功能，从而激活场地的活力。在村庄增建部分基础设施，提高村民的生活质量。

指导教师/

王鑫

王鑫 北京交通大学副教授，从教多年

广义上的京西地区包括门头沟区和房山区，以及昌平区的一部分，北至居庸关和南口以南，南至大石河和北拒马河之间的区域。狭义来讲，"京西"专指门头沟区的大部分区域，和历史上的"京西古道"所覆盖各片区相吻合。侯仁之先生认为，北京地处"两河之间"，是山、水、城、路等空间要素整合协同的产物，还是华北平原与北方山地之间"陆路交通线"上的"焦点"。此次联合毕业设计，立足区域、面向乡村、导向发展，旨在通过提炼地域历史文化特征，归纳村落保护利用的新范式，为识别空间特征、强化地方认知、提升环境品质提供技术支撑。

在长达半年的联合毕业设计交流中，老师和同学们克服了疫情带来的困难，在寒假之前完成了2次田野调查，后续借助网络调研和线上沟通持续推进，直至完成最终成果。在这个过程中，大家和其他六所院校师生多次研讨，就资源型村落再生、驿道文化赋能、城乡综合发展、集中连片保护等议题展开了富有深度的讨论，收获良多。期待联合毕业设计能够持续进行，常做常新，为多学科交流、理论实践融通提供更多的支撑。

小组成员/

袁昕怡

非常高兴在王鑫老师的指导下完成了此次毕业设计，从实地调研到场地规划，线上的一次次方案推进并不容易，感谢王鑫老师的耐心指导。另外，在中期汇报和最终答辩中，许多来自其他院校的老师和各个领域的专家也都提出了宝贵的意见，让我对规划和设计有了新的思考和认知，在此一并致谢。

寻踪漫道，窑火相传 ——文化线路视角下的琉璃渠村规划设计

村落要素分析

琉璃渠村，原名"琉璃局"村，北京市门头沟区龙泉镇下辖村，中国传统村落，位于京西龙泉镇域北部，背靠九龙山，面临永定河，依山傍水。村域面积3.5平方千米。其琉璃烧制技艺为国家级非物质文化遗产。

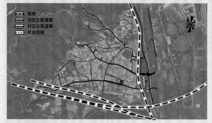
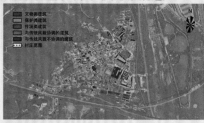

规划诉求

由于邻近门头沟城区，当地劳动力大部分在城区就业，而非在本地。人均收入位于镇域后列，但略高于北京及门头沟区农村人均收入水平。

规划诉求

· 琉璃渠村能做什么？

规划原则与目标
文物保护优先
保障居民生活

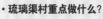

· 琉璃渠村重点做什么？

重点地段设计
抓取重点要素
适度更新改造

· 引导村民怎么做？

民居建设导则
强化文化特色
塑造美好人居

规划战略

"3+3规划战略"

三大提升战略			三大发展引擎		
重塑道路体系 提升多元交通价值	重塑蓝绿基底 提升环境生态价值	重塑产业结构 提升村落经济价值	传承文化遗产 琉璃产业协同发展	激活古道山水 生态健康协调发展	共创乡村振兴 乡村文旅协作发展
城郊融合 多维交通走廊	生态修复 增值示范走廊	绿色创新 产业发展走廊	琉璃烧制 非物质遗产基地	依山露水 养老度假中心	首都花园 文旅美丽乡村

三大基础工程+三大旅游品牌

总平面图

在保留古道文脉的基础上，尽量保留古建筑民居，对村落道路进行了修整，对目前废弃的部分厂房和用地赋予新的功能，从而激活场地的活力。对村庄增建部分基础设施，提高村民的生活质量。

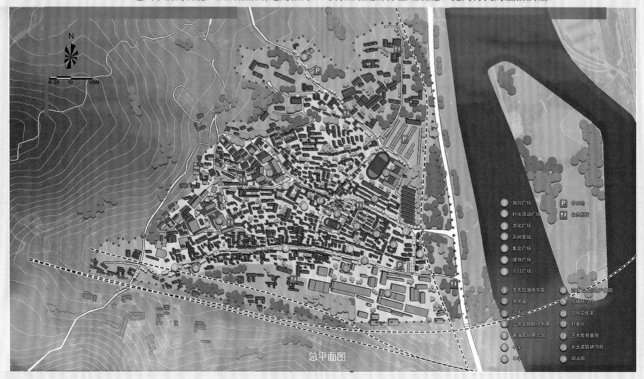

总平面图

寻踪漫道，窑火相传 ——文化线路视角下的琉璃渠村规划设计

鸟瞰图

村庄定位

首先，我们将其定位为京西特色文化线路的游览枢纽，作为多条历史文化线路的交汇点，不同历史阶段的文化线路孕育了琉璃渠村独特的村落结构和民俗文化，形成了旅游度假区的独特视觉景观。

其次，我们将其定位为琉璃文化体验基地和非遗技术传承中心。在琉璃文化旅游资源的基础上拓展研学体验区，发展工厂参观烧制培训基地等文旅项目，突出琉璃文化的主题。

最后，我们将其定位为生态旅游示范区，在靠山和靠水的地域强化生态保护。

居民生活服务区
古香道文脉区
琉璃综合文化区
京西古道商业区
民俗非遗文化区

社区卫生所　停车场　居委会　幼儿园
社区公园　公共厕所　民宿
中小学　健身广场

琉璃博物馆
工艺品工作室
琉璃文舍　琉璃研习社
琉璃传习馆
琉璃匠人坊　古建筑研习社

万缘同善茶棚　客栈
登山预备驿站
游客咨询中心　香道文化展览馆

杨凤武酿造坊　过街楼
赵家小吃店
照相馆
丑儿岭烧饼铺　任记首饰铺　杨记药店
李记油盐店　关帝庙

图书馆
公共书院　民俗非遗文化区　写生基地
特色民居

功能分区分析

功能分区上，大体将琉璃渠村分为五大功能区，分别为古香道文脉区、居民生活服务区、琉璃综合文化区、京西古道商业区和民俗非遗文化区。针对每个功能区，赋予小的功能。

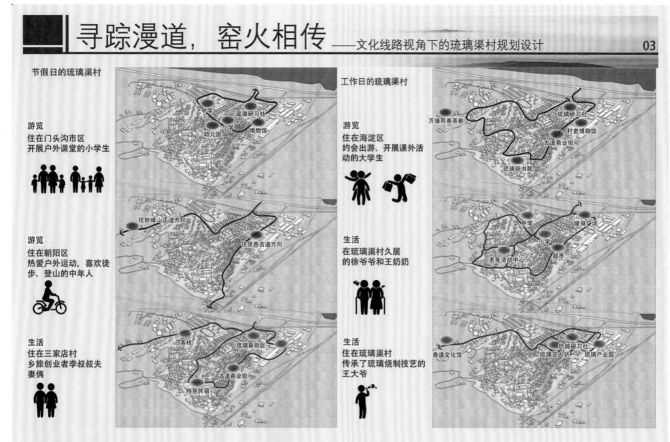

节假日的琉璃渠村

游览
住在门头沟市区
开展户外课堂的小学生

游览
住在朝阳区
热爱户外运动，喜欢徒步、登山的中年人

生活
住在三家店村
乡旅创业者李叔叔夫妻俩

工作日的琉璃渠村

游览
住在海淀区
约会出游、开展课外活动的大学生

生活
在琉璃渠村久居的徐爷爷和王奶奶

生活
住在琉璃渠村传承了琉璃烧制技艺的王大爷

人群活动及流线分析

在人群流线上，从工作日和非工作日出发，出于游览和生活两个目的，针对不同人群进行了活动流线的构建。

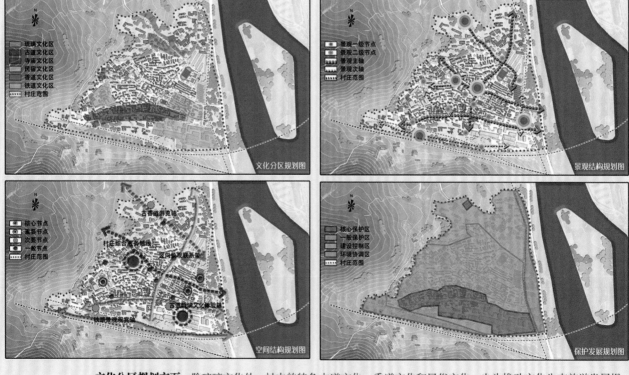

规划分析图

文化分区规划方面，除琉璃文化外，村内的特色古道文化、香道文化和民俗文化，也为推动文化生态旅游发展提供了资源，实现村落的多元文化复兴。
景观结构规划方面，依托各个重要的空间节点，增加绿化活动场所，打通开放空间体系。
空间结构规划方面，琉璃渠大街和后街是村庄空间结构的核心骨架。前街依托古道与琉璃文化元素，规划为古道琉璃文化体验轴；后街依托现有的公共服务设施，规划为村庄综合服务轴。
保护发展规划方面，将琉璃渠村分为4个层次。其中核心保护区采取原貌保护的措施，对区内院落和建筑进行保护维修。

寻踪漫道，窑火相传 ——文化线路视角下的琉璃渠村规划设计

文化线路分区引导

琉璃文化区作为紧邻村庄出入口的重要地块，将最重要的琉璃文化功能赋予其中，将场地原有的闲置厂房拆除，采用与民居相似的建筑风格，将该区域打造为琉璃文化的孕育与传播基地。

京西古道街区，作为规划中的核心保护区，采用传统技术与新技术相结合的方式进行修缮，内部空间活化利用，承担新的功能，尽可能复现老字号，使富有古韵的商道重现于今。

古香道街区，在现状的基础上修缮，维护院落整体格局和建筑风貌，增设客栈、登山预备驿站、香道文化展览馆。

文化路线之一——琉璃新歌

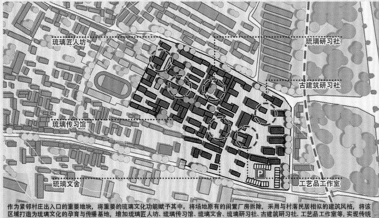

琉璃研习社

作为紧邻村庄出入口的重要地块，将重要的琉璃文化功能赋予其中。将场地原有的闲置厂房拆除，采用与村落民居相似的建筑风格，将该区域打造为琉璃文化的孕育与传播基地，增加琉璃匠人坊、琉璃传习馆、琉璃文舍、琉璃研习社、古建筑研习社、工艺品工作室等，实现传统技艺与现代建筑艺术的结合，增加空间的灵活性。另适量增加停车场，为工作者和游客提供便利。

文化线路之二——商道贾脉

前街

客栈

琉璃渠村由于在历史上有便利的交通条件，因而促进了古村商业的繁荣发展，有"西山大道第一村"之称，特别是在西山大道穿行的前街，从东到西，起于过街楼，终于荣带庙，商号店铺鳞次栉比，形成了一条长1千米的繁华的商业街。作为规划中的核心保护区，街区采用传统技术与新技术相结合的方式进行修缮，内部空间活化利用，承担新的功能，尽可能复现老字号，使富有古韵的商道重现于今。

文化线路之三——庙香茶香

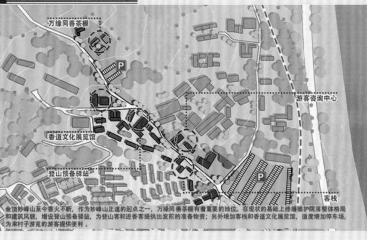

古香道

金顶妙峰山至今香火不断，作为妙峰山正道的起点之一，万缘同善茶棚有着重要的地位。在现状的基础上修缮维护院落整体格局和建筑风貌，增设登山预备驿站，为登山客和进香者提供出发前的准备物资；另外增加客栈和香道文化展览馆，适度增加停车场，为来村于游览的游客提供便利。

美好愿景

最后我们对琉璃渠村有着美好的愿景。希望可以塑造以文化特色为核心、村民生活为导向、文化线路为纽带、融于自然山河为愿景的未来琉璃家园。

一座古村落，它可能因为不被发现、不被保护而走向衰亡，也可能因为过度开发而失去质朴的气息。对于琉璃渠村而言，它应该是一个古朴的传统村落，一个拥有高品质体验的旅游目的地。

驿路烽情，居游共生

—— 门头沟区东石古岩村有机更新设计

设计说明

地块位于北京市门头沟区王平镇的东石古岩村。村域内有烽火台等军事资源，并且这里的烽火台是京西门头沟区发现年代最早的一处军事遗址，再加上村子邻京西古道，有着丰厚的京西古道物质文化资源积淀。设计根据这两大文化特色进行深度挖掘、景点打造及活动策划，以此打造区别于门头沟其他村子的特色主题村落。并且设计考虑到本地居民，力图解决居民现状大部分困境。总结出现状村子亟须解决的五大问题：① 如何将传统文化转化为文化资产；② 如何吸引年轻群体；③ 如何进行资源差异化发展；④ 如何融入村落主题；⑤ 如何打造村庄动人风貌和宜居环境。由此提出设计的三大愿景，即"产业时宜、文化拾遗、人居适宜"，最终形成此次设计的主题——"驿路烽情，居游共生"。

指导教师

陈鹭 *北京交通大学副教授*

北京门头沟，有道名为"京西古道"，道随永定河畔山峦起伏，周围村落星罗棋布。古道之起始处，有小村名为"东石古岩"，地处京西古道之要塞村东，永定河流水潺潺，水畔山巅长城烽火台屹立，京门铁路蜿蜒。村内人家不多，原有客栈数座，为从古道行经之人落脚住宿之场所。今有北京交通大学毕业生，探索有机更新之道路，展开田野调查，绘制村庄蓝图，谋村庄之发展，畅想未来之愿景。文与图俱成，收录书中，以为纪念。并以此祝愿京西古道沿途之村庄，重拾昔日之兴盛，生态与旅游并举，百姓安居乐业。古村之风貌，亦得以延续传承。

徐高峰 *北京交通大学讲师*

此次联合毕业设计聚焦于北京市门头沟区京西古道的传统村落有机更新设计。本组学生克服疫情影响，多次探访东石古岩村，并开展访谈、问卷等实地调研，通过空间重构活化历史资源，通过制度创新探索实施路径，为门头沟传统村落的有机更新提供了新思路。最终，各校学生带着设计成果，用多元的汇报方式展现设计方案，展示成果的同时享受专业交流的饕餮盛宴。最后祝愿"京内高校美丽乡村有机更新"联合毕业设计越办越好。

小组成员

董晓梅 *北京交通大学学生*

这次的毕业设计是我大学五年的最后一堂课，在此，我衷心感谢陈鹭老师与徐高峰老师的耐心指导和鼓励支持，让我在大学最后的设计中受益匪浅，同时对传统村落有了新的认识，对这种古色古香的历史遗迹有了更为浓厚的兴趣。桑田浮尘，芸芸众生，有缘相识，有缘相知，感谢大学这五年与大家的相遇与相知，希望之后我们都能在奋斗的道路上，成为那个不负众望的人。

隋意飞 *北京交通大学学生*

朴素的文字承载着朴素的情感，本科毕业设计和本科生涯都将迎来最后的大结局，这一路上大多数时间都是平平无奇的一天，但希望未来的我能一路波澜不惊地继续前行。感谢陈鹭老师与徐高峰老师对知识的无私奉献，认真负责的陈老师总能成为我最坚实的依靠，徐老师也提出了非常多中肯的指导意见。衷心地感谢所有关心我、帮助我的老师、同学和朋友，希望本科的结束只是一个阶段的休息，未来的我们依旧光明无限！

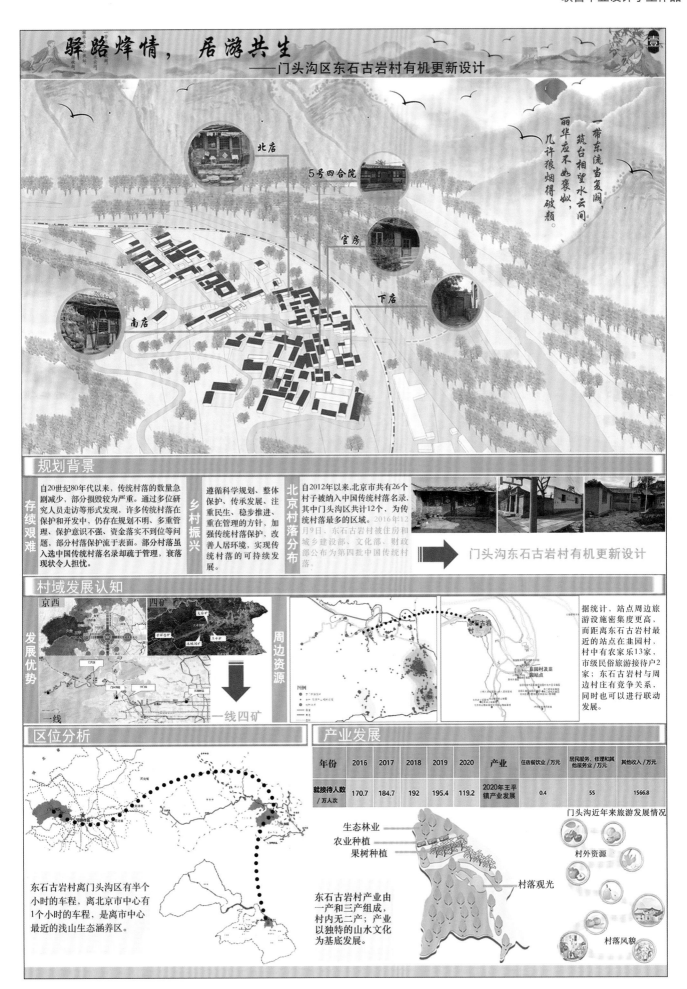

驿路烽情，居游共生
——门头沟区东石古岩村有机更新设计

壹

一带东流当复阔，筑台相望水云间。
丽华应不如褒姒，几许狼烟得破颜。

北店
5号四合院
官房
下店
南店

规划背景

存续艰难
自20世纪80年代以来，传统村落的数量急剧减少，部分损毁较为严重。通过多位研究人员走访等形式发现，许多传统村落在保护和开发中，仍存在规划不明、多重管理、保护意识不强、资金落实不到位等问题，部分村落保护流于表面。部分村落虽入选中国传统村落名录却疏于管理，衰落现状令人担忧。

乡村振兴
遵循科学规划、整体保护、传承发展、注重民生、稳步推进、重在管理的方针，加强传统村落保护，改善人居环境，实现传统村落的可持续发展。

北京村落分布
自2012年以来，北京市共有26个村子被纳入中国传统村落名录，其中门头沟区共计12个，为传统村落最多的区域。2016年12月9日，东石古岩村被住房和城乡建设部、文化部、财政部公布为第四批中国传统村落。

➡ 门头沟东石古岩村有机更新设计

村域发展认知

发展优势
京西
四矿
一线
一线四矿

周边资源

据统计，站点周边旅游设施密集度更高，而距离东石古岩村最近的站点在韭园村，村中有农家乐13家，市级民俗旅游接待户2家；东石古岩村与周边村庄有竞争关系，同时也可以进行联动发展。

区位分析

东石古岩村离门头沟区有半个小时的车程，离北京市中心有1个小时的车程，是离市中心最近的浅山生态涵养区。

产业发展

年份	2016	2017	2018	2019	2020	产业	住宿餐饮业 / 万元	居民服务、修理和其他服务业 / 万元	其他收入 / 万元
就接待人数 / 万人次	170.7	184.7	192	195.4	119.2	2020年王平镇产业发展	0.4	55	1566.8

生态林业
农业种植
果树种植
村落观光

东石古岩村产业由一产和三产组成，村内无二产；产业以独特的山水文化为基底发展。

门头沟近年来旅游发展情况
村外资源
村落风貌

驿路烽情，居游共生
——门头沟区东石古岩村有机更新设计

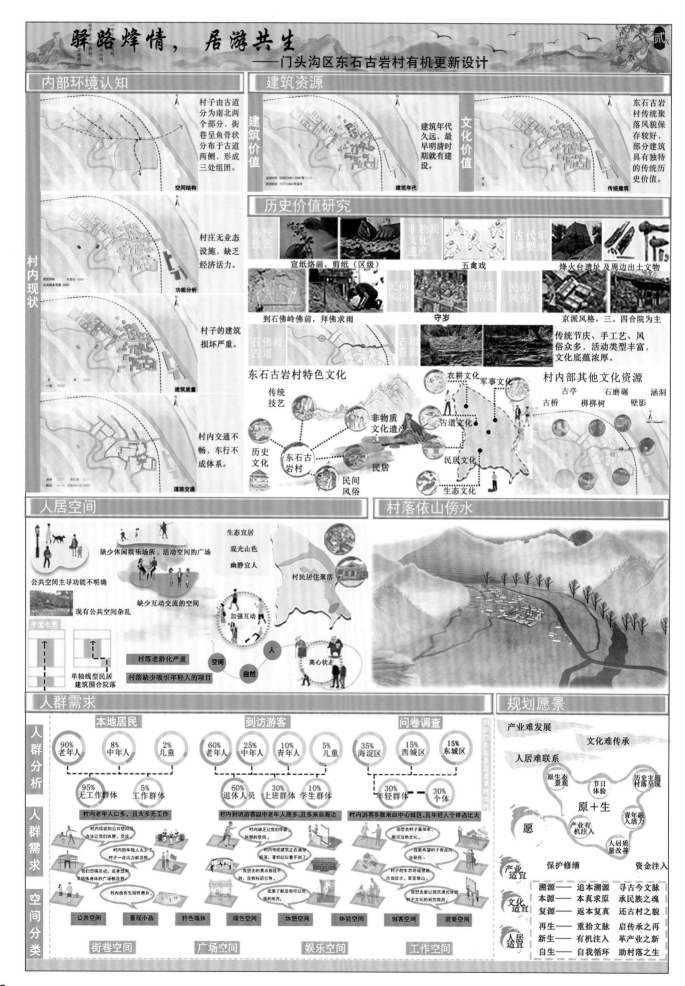

内部环境认知

村内现状

村子由古道分为南北两个部分，街巷呈鱼骨状分布于古道两侧，形成三处组团。

空间结构

村庄无业态设施，缺乏经济活力。

功能分析

村子的建筑损坏严重。

建筑质量

村内交通不畅，车行不成体系。

道路交通

建筑资源

建筑价值

建筑年代久远，最早明清时期就有建设。

建筑年代

文化价值

传统建筑

东石古岩村传统聚落风貌保存较好，部分建筑具有独特的传统历史价值。

历史价值研究

传统技艺　宣纸烙画、剪纸（区级）

非物质文化遗产　五禽戏

古代军事要地　烽火台遗址及周边出土文物

民间风俗　到石佛岭佛前，拜佛求雨

节庆活动　守岁

民间风俗　京派风格，三、四合院为主

传统节庆、手工艺、民俗众多，活动类型丰富，文化底蕴浓厚。

石佛岭古道　古道资源

东石古岩村特色文化

传统技艺　非物质文化遗产　农耕文化　军事文化　古道文化　东石古岩村　历史文化　民居　民间风俗　民居文化　生态文化

村内部其他文化资源

古亭　石磨碾　涵洞　古桥　梆梆树　壁影

人居空间

缺少休闲娱乐场所、活动空间的广场

公共空间主导功能不明确

缺少互动交流的空间

现有公共空间杂乱

加强互动

人　空间　自然　离心状态

村落老龄化严重
村落缺少吸引年轻人的项目

平面布局

单轴线型民居建筑围合院落

村落依山傍水

生态宜居　观光山色　幽静宜人

村民居住聚落

人群需求

人群分析

本地居民
- 90% 老年人
- 8% 中年人
- 2% 儿童
- 95% 无工作群体
- 5% 工作群体

村内老年人口多，且大多无工作

到访游客
- 60% 老年人
- 25% 中年人
- 10% 青年人
- 5% 儿童
- 60% 退休人员
- 30% 上班群体
- 10% 学生群体

村内到访游客多以中老年人居多，且多来自周边

问卷调查
- 35% 海淀区
- 15% 西城区
- 15% 东城区
- 30% 年轻群体
- 30% 个体

村内游客多数来自中心城区，且年轻人个体占比大

人群需求

空间分类

公共空间　景观小品　特色墙体　绿色空间　休憩空间　体验空间　创客空间　就餐空间

街巷空间　广场空间　娱乐空间　工作空间

规划愿景

产业难发展
文化难传承
人居难联系

源生态景观　节日体验　历史主题村落复现

原＋生

愿

产业有机注入　青年有活力

人居质量改善

产业适宜　保护修缮　资金注入

文化适宜

人居适宜

溯源	追本溯源	寻古今文脉
本源	本真求原	承民族之魂
复源	返本复原	还古村之貌
再生	重拾文脉	启传承之再
新生	有机注入	革产业之新
自生	自我循环	助村落之生

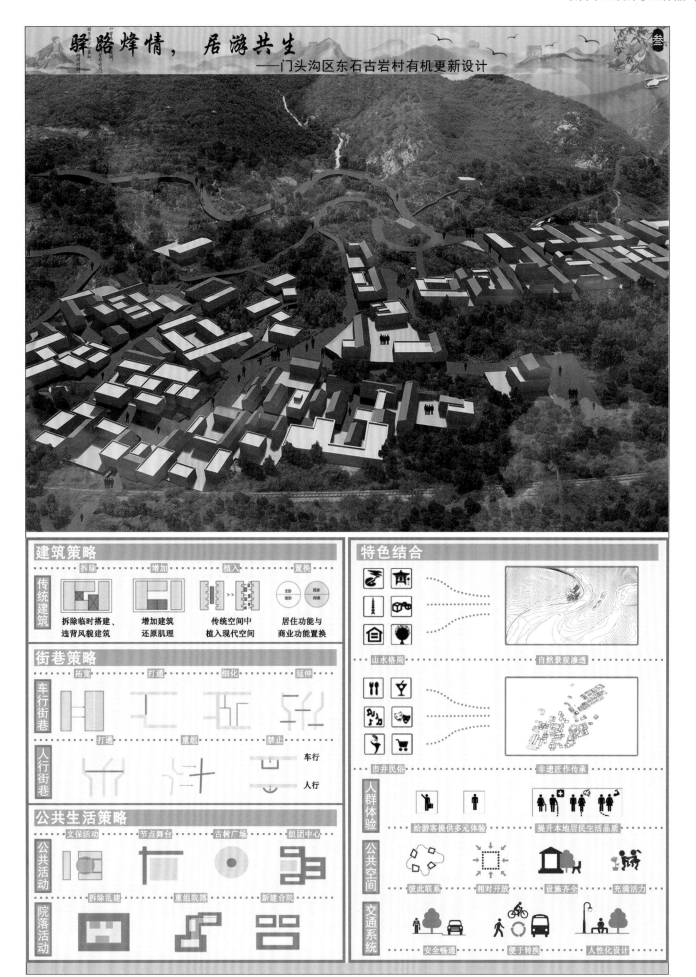

驿路烽情，居游共生
——门头沟区东石古岩村有机更新设计

建筑策略

传统建筑	拆除	增加	植入	置换
	拆除临时搭建、违背风貌建筑	增加建筑还原肌理	传统空间中植入现代空间	居住功能与商业功能置换

街巷策略

车行街巷：拓宽　打通　细化　延伸

人行街巷：打通　重组　禁止（车行／人行）

公共生活策略

公共活动：文保活动　节点舞台　古树广场　组团中心

院落活动：拆除乱建　重组院落　新建台院

特色结合

山水格局　自然景观渗透

市井民俗　非遗匠作传承

人群体验：给游客提供多元体验　提升本地居民生活品质

公共空间：彼此联系　相对开放　设施齐全　充满活力

交通系统：安全畅通　便于转换　人性化设计

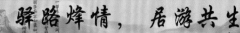

驿路烽情，居游共生

——门头沟区东石古岩村有机更新设计

主题定位

形象定位

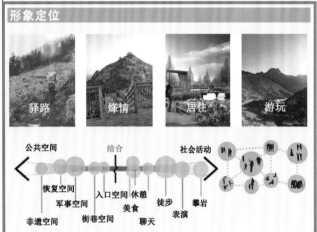

驿路　烽情　居住　游玩

公共空间　结合　社会活动

恢复空间　入口空间　休憩　徒步　攀岩
军事空间　　美食　表演
非遗空间　街巷空间　聊天

以公共空间为核心，结合四大核心理念进行改造，营造宜居宜游活动空间。根据各方面需求合理进行规划设计，将公共空间和社会生活同村庄文化底蕴联系起来。

目标定位

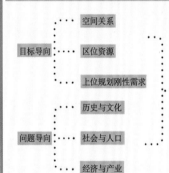

目标导向　····　空间关系
　　　　　　····　区位资源
　　　　　　····　上位规划刚性需求
　　　　　　····　历史与文化
问题导向　····　社会与人口
　　　　　　····　经济与产业

连接　整合　激活

被展示的文化
被忽略的生活

以"一线四矿"为载体，以古道驿站为文化基底，将沿线的遗迹、民居、风俗等单体民俗资源串联为文化带，进行整体性保护，对驿道沿线的生态环境进行一体化保护，营造生态型旅游区。

"一线四矿"重要节点

旅游驿站文化门户

生态涵养重要示范基地

市场定位

乡村体验类	节庆活动类	互动体验类	亲友聚会类	生态类	文化类	健康养生类	红色类	其他
60 (41.67%)	63 (43.75%)	62 (43.06%)	49 (34.03%)	50 (34.72%)	35 (24.31%)	26 (18.06%)	7 (4.86%)	1 (0.69%)

环境好、空气好	风景优美	娱乐项目多样	有特色的餐饮	有有一定的名气	出行距离适中、价格适中	他人推荐	其他
70 (48.61%)	72 (50%)	61 (42.36%)	46 (31.94%)	34 (23.61%)	30 (20.83%)	15 (10.42%)	2 (1.39%)

风景优美、娱乐项目多样的体验类乡村休闲地更受欢迎。

目标群体多数为3~5人小团体出游。

消费范围为300~500元比例最多。

建筑改造

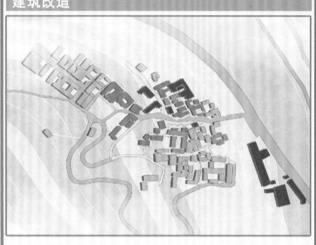

第一类	123	71.1%
第二类	21	12.1%
第三类	14	8.1%
第四类	15	8.7%

在建筑评估的基础上，根据地块内的建筑风貌及价值评价，对地块进行分类，共分成风貌修缮、功能置换、保护更新、拆除重建四类。
从外观和内部两个层面进行更新保护活动。
外观：保留大多京派风格，院落以一进的三合院、四合院为主。
内部：增强结构，改善设施，增强居住舒适度。

村庄现状　未来规划

保留

风貌修缮：保存质量好，有历史价值且与传统风貌协调的建筑。

置换

功能置换：保存质量较好，但历史传统文化价值不高的建筑。

重组

保护更新：保存质量较差，但具有历史传统文化价值的建筑。

拆除

拆除重建：保存质量较差，且无历史价值的建筑。

中端度假休闲市场
自然观光游览市场
民俗特色体验市场

驿路烽情，居游共生
——门头沟区东石古岩村有机更新设计

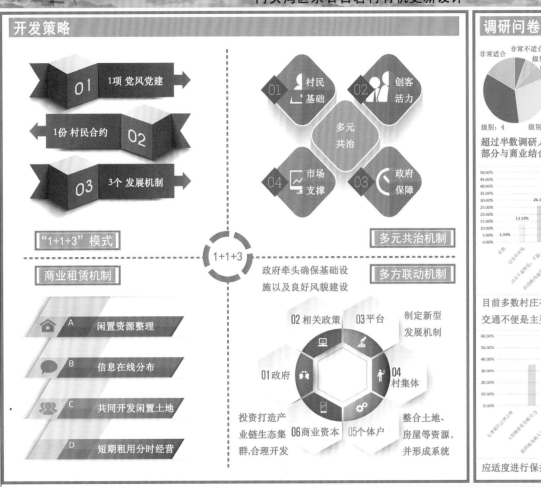

开发策略

"1+1+3"模式

01 1项 党风党建
02 1份 村民合约
03 3个 发展机制

多元共治机制

多元共治

01 村民基础
02 创客活力
03 政府保障
04 市场支撑

商业租赁机制

1+1+3

A 闲置资源整理
B 信息在线分布
C 共同开发闲置土地
D 短期租用分时经营

多方联动机制

政府牵头确保基础设施以及良好风貌建设

01 政府
02 相关政策
03 平台 制定新型发展机制
04 村集体 整合土地、房屋等资源，并形成系统
05 个体户
06 商业资本 投资打造产业链生态集群，合理开发

调研问卷

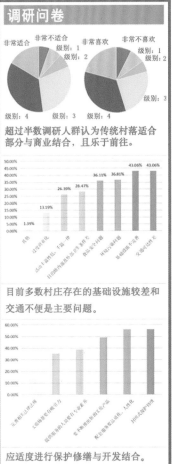

非常适合　非常不适合　　非常喜欢　非常不喜欢

超过半数调研人群认为传统村落适合部分与商业结合，且乐于前往。

目前多数村庄存在的基础设施较差和交通不便是主要问题。

应适度进行保护修缮与开发结合。

营收策略

一、餐饮
1. 特色早茶
村里可提供水煮花生、玉米、土鸡蛋、现磨豆浆等特色早茶。
2. 农家饭菜
可将农家饭菜与酒店菜肴相结合，满足客人不同需求。
3. 自助烧烤
自助烧烤是一种比较有特色的餐饮服务，可吸引游客。
4. 乡村茶馆
乡村茶馆可以结合茶艺表演，提供茶水服务，并出售栀子花茶、茶具。

二、住宿
1. 乡村民宿
乡村民宿适合城里人群下乡定居或度假，可租可售。
2. 露营基地
露营基地可提供各种规格的帐篷出租和特定观景基地。

三、休闲
1. 乡村戏台
乡村戏台可作为烽火抗敌小剧场等提供演出服务。
2. 矿场攀岩
可结合现有因矿场开采裸露而的山体开展攀岩活动。
3. 烽火台
烽火台可提供观光、赏景、摄影等服务。
4. 石佛岭古道
山临浑河（永定河），壁立千仞，一径上通，仅可容足，俯视河水，最为险阻。

四、服务
1. 军事博物馆
军事博物馆展示烽火文化以及乡村历史底蕴。
2. 服务中心
在服务中心，游客可购买特色产品，享受个性化服务。
3. 会议中心
会议中心承载门头沟的会议功能，以军事为主题打造。

五、集体活动
各类节庆活动可展示京西古道文化、烽火文化，并邀请企业、媒体和游客参与。

六、艺术类
1. 非遗工作室
非遗工作室可为画家、作家、创客等群体提供各类独立工作室。
2. 手工作坊
手工作坊可提供宣纸烙画、麦秆画、剪纸等特色活动。

七、商业
村里可联合周边农村的农民成立专业合作社，统一品牌，打造热门IP，并进行统一管理。

八、广告
1. 旅游景区广告
村里可为周边旅游景区设置相关广告牌。
2. 主题活动
村里可举办徒步等各类主题活动，招商引资。

驿路烽情，居游共生

——门头沟区东石古岩村有机更新设计

村域规划

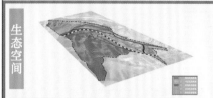

生态空间

根据村域的产业现状，规划设计出生态空间，分为观光、村庄、河流、农田及林业生态体系。

公共空间

通过整合村域现状的公共空间，主要划分出军事、入口及自然的公共空间。

文化激活

根据村域的文化现状，规划将进行文化激活，主要打造军事、非物质文化遗产及乡村自然要素。

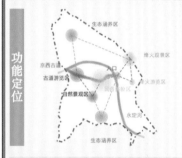

功能定位

村域方面，主要规划出七个功能区，其中重点详细设计部分为村庄的民俗体验区。

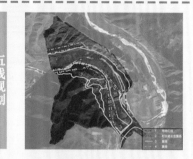

五线规划

根据村域的五线现状及东石古岩村美丽乡村规划，重新整合用地，形成新的五线图。

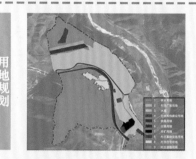

用地规划

根据村域的土地利用现状及东石古岩村美丽乡村规划，重新整合用地，形成新的用地规划图。

中心村居民点规划

空间结构图

规划将村子空间结构分为"一心一轴三片区"，其中"一心"为文化广场中心，"一轴"为旅游发展轴。

村域结构图

规划将村子村域结构分为"一心两轴"，"两轴"即绿色轴线和村庄主轴线，它们交汇于村庄中心节点，村庄主轴线延伸至村庄外部节点。

村庄结构图

规划将村子鱼骨状的结构继承发扬，并将村庄外部绿色渗透进村庄内部。

道路交通图

规划对村子交通进行人车分流，减少现代交通工具对整个村庄氛围的影响和对村庄居民及游客的干扰。

旅游廊道图

规划共划分四条旅游线路，连接各个旅游景点，并且内部成环，在便利交通的同时，提供更好的景观享受。

功能主题图

规划村子以京西古道为轴，串联起非遗主题区和军事主题区，改造主体沿主要轴线两侧分布。

驿路烽情， 居游共生

——门头沟区东石古岩村有机更新设计

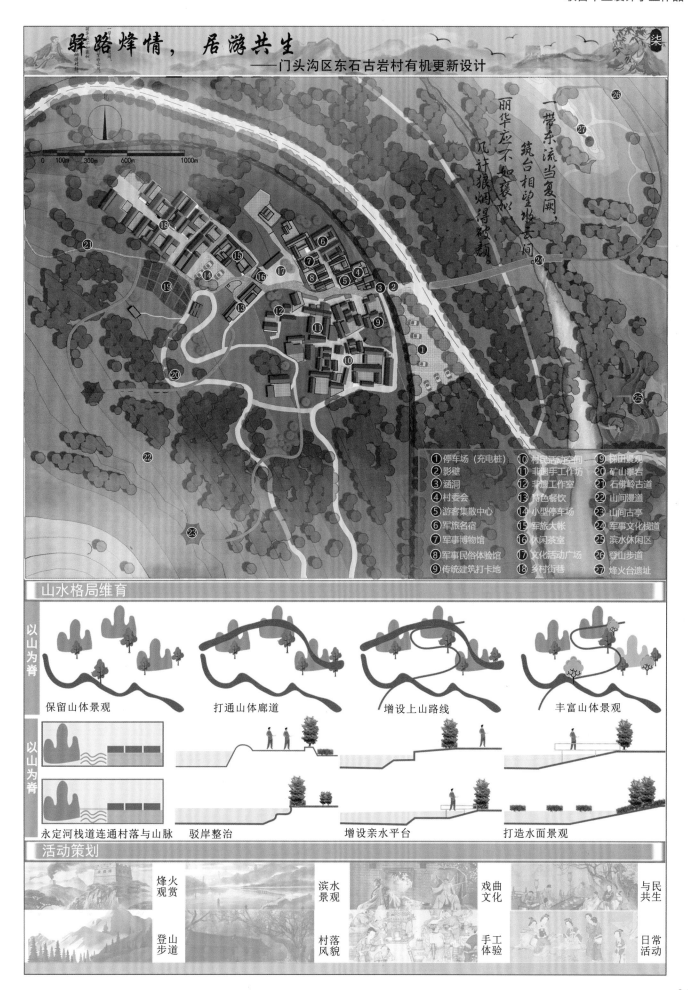

一带东流当复阙，筑台相望收去间

丽华应不如襄姒，几计狼烟得破颜

① 停车场（充电桩）	⑩ 村民活动空间	⑲ 梯田景观
② 影壁	⑪ 非遗手工作坊	⑳ 矿山攀岩
③ 涵洞	⑫ 非博工作室	㉑ 石佛岭古道
④ 村委会	⑬ 特色餐饮	㉒ 山间漫道
⑤ 游客集散中心	⑭ 小型停车场	㉓ 山间古亭
⑥ 军旅名宿	⑮ 军旅大帐	㉔ 军事文化栈道
⑦ 军事博物馆	⑯ 休闲茶室	㉕ 滨水休闲区
⑧ 军事民俗体验馆	⑰ 文化活动广场	㉖ 登山步道
⑨ 传统建筑打卡地	⑱ 乡村街巷	㉗ 烽火台遗址

山水格局维育

以山为脊

保留山体景观 　　打通山体廊道 　　增设上山路线 　　丰富山体景观

以山为脊

永定河栈道连通村落与山脉 　　驳岸整治 　　增设亲水平台 　　打造水面景观

活动策划

烽火观赏　登山步道　　滨水景观　村落风貌　　戏曲文化　手工体验　　与民共生　日常活动

驿路烽情, 居游共生
——门头沟区东石古岩村有机更新设计

捌

人群活动空间

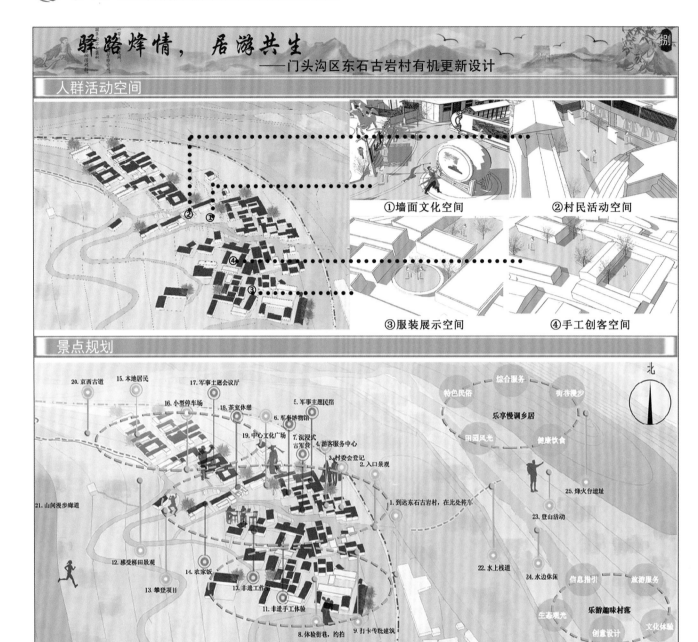

① 墙面文化空间
② 村民活动空间
③ 服装展示空间
④ 手工创客空间

景点规划

20. 京西古道
15. 本地居民
17. 军事主题会议厅
16. 小型停车场
18. 茶室休憩
5. 军事主题民宿
19. 中心文化广场
6. 军事博物馆
7. 沉浸式古军营
4. 游客服务中心
21. 山间漫步廊道
3. 村委会登记
2. 入口景观
1. 到达东石古岩村, 在此处停车
12. 感受梯田景观
14. 农家饭
22. 水上栈道
13. 攀登项目
10. 非遗工作室
25. 烽火台遗址
23. 登山活动
24. 水边休闲
11. 丰遗手工体验
8. 体验街巷, 约拍
9. 打卡传统建筑

特色民俗 综合服务 街巷漫步
乐享慢调乡居
田园风光 健康饮食

信息指引 旅游服务
乐游趣味村落
生态观光
创意设计 文化体验

北

到达村子后首先在入口处停车及办理一系列服务性质的业务, 随后入住军事主题民宿, 在其周边可体验及观赏各类军事相关的文化。村子南边的聚落主要体验非遗文化, 相应设有手工作坊进行互动, 还可以体验村落街巷空间, 感受传统风貌。梯田周边设有特色餐饮空间, 矿山遗址进行改造后成为当下较为热门的攀岩体验区, 村子还设有军事相关的会议场所。村子中央则为中心文化广场, 可举办活动、观看烽火、进行戏曲表演等。

再往外, 根据村子周边的山势及现有古亭要素, 设置了林间漫步道路, 其与京西古道进行了串联。出村口往东, 设有跨越永定河到对岸山的文化栈道。到达山脚, 设有滨水娱乐空间。再往上攀爬登山步道, 则会到达烽火台遗址, 此处也是俯瞰整个村庄的最佳位置。

人群生活演绎

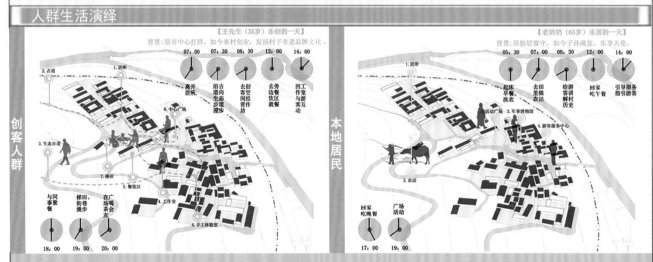

创客人群

【王先生（35岁）乐创的一天】
背景: 原市中心打拼, 如今来村创业, 发扬村子非遗品牌文化。

07:00 07:30 08:30 12:00 14:00
离开居所 沿古道志趣漫步 去创客空间创作坊 去秀边饮食区就餐 回工室作坊与游客互动

18:00 19:00 20:00
与同事餐 梯田、街巷漫步 在广场喝茶会友

本地居民

【老奶奶（65岁）乐居的一天】
背景: 原独居留守, 如今子孙满堂, 乐享天伦。

05:30 07:30 08:30 12:00 14:00
起床早餐洗农 去田里做农活 给游客讲村历史 回家吃午餐 引导服务指引游客

17:00 19:00
回家吃晚餐 广场活动

驿路烽情，居游共生
——门头沟区东石古岩村有机更新设计

节点——军事主题会议室+茶室+中心广场

思路+平面图

会议室设计思路：经调研发现，门头沟缺少承载会议功能的空间，根据村子的规划主题，此处定位为军事主题会议室。

茶室+中心广场设计思路：经调研发现，村子内部缺少供游客、村民休憩的室内空间，且缺少承载本村文化的特色空间，故将此定位为茶室+中心广场。

1.会客室 2.VIP等候区
3.等候区 4.茶水间
5.洽谈室 6.文化长廊
7.大型会议室 8.中小型会议室
9.卫生间 10.仓库
11.中小型会议室 12.墙面文化展
13.廊道

1.茶室 2.书吧 3.室外茶室 4.楼梯间 5.军事小品空间
6.墙面文化空间 7.服装租借处 8.服装展示区
9.观赏空间 10.戏台 11.准备室 12.化妆室

过程分析

现状地块会议室与广场相互不联系，且院落不够围合

规划通过连廊联系两个地块

生成的空间植入庭院、广场等空间

地块现状　　相互连接　　生成庭院

剖面分析

剖面A-A

剖面B-B

剖面A-A　　剖面B-B

会议室分析

采用三合院、四合院形式；
屋顶采取清水脊，板瓦铺顶；
立面采用青砖灰瓦。

功能分析：服务、辅助及会议功能。流线分析：主要流线贯穿室内，有较好的观赏性。
视线分析：由于高差，该地能欣赏到多元场景。景观分析：分为庭院、廊道及墙面。

茶室+广场分析

戏台采取汉代元素，广场以军事文化为主题打造，提取历史信息，立面采用青砖灰瓦形式。
功能分析：共分为四大片区，分别为休憩茶室区、服装展示区、汉代军事文化展示区、戏曲观赏区。

活动策划

7—9点:赏山、漫步、望田、观庭

9—11点:开会、洽读、游庭

15—17点:品茶、约牌、观戏

17—19点:烽火、餐饮、休闲

驿路烽情，居游共生
——门头沟区东石古岩村有机更新设计

拾

节点二——民宿

场地区位 | 体块生成　连接体块　庭院生成　连廊设置 | 开放性分析 | 流线分析

空间一分析

乡归故人，村野迎佳客

空间一主要构筑以军事文化为主题的空间氛围，配以绿化景观，让游客感怀古人为国为民的忠诚守护之心。

空间二分析

农家邻里，共赏一园秋

空间二构筑以乡村田园风光和农耕农忙为主题的院落，让游客体验在乡间收获的乐趣。以军事为主题的讨论空间，更能增加氛围的厚重感，给予在座游客更多的严肃感和参与感。

循轨通今，栖院山居 ——东石古岩村有机更新研究

设计说明

明朝末年，京西门头沟，永定河畔，石佛岭下，张氏兄弟跟随着出京商旅来到王平口石骨崖，群山环抱、面朝大河的优美环境深深吸引了两人，东石古岩村由此诞生。几百年间，王平口崎岖的山路一直是络绎不绝的往来商旅前行的巨大阻碍，随着东石古岩村规模的扩大，村内出现了数处客店，来往行人有了栖身之所。

三百年后，随着京门铁路的修建与开通，曾经商旅繁忙的京西古道渐渐淡出人们的视野，东石古岩村的大门也从西北的古道入口转变成为东南的铁路涵洞，此时村庄的发展已达到鼎盛时期，几百户京西特色民居依山而建，逐一排开。

如今的东石古岩村凭借其悠久的历史与保存完好的古迹，早已名列中国传统村落名录，然而，村口的京门铁路与村后的京西古道辉煌不再，繁荣一时的村庄又重归寂静……

指导教师

陈鹭 博士 北京交通大学城乡规划系 副教授

北京门头沟，有道名为"京西古道"，道随永定河畔山峦起伏，周围村落星罗棋布。古道之起始处，有小村名为"东石古岩"，地处京西古道之要塞。村东，永定河流水潺潺，水畔山巅长城烽火台屹立，京门铁路蜿蜒。村内人家不多，原有客栈数座，为从古道行经之人落脚住宿之场所。今有北京交通大学毕业生，探索有机更新之道路，展开田野调查，绘制村庄蓝图，谋村庄之发展，畅想未来之愿景。文与图俱成，收录书中，以为纪念。并以此祝愿京西古道沿途之村庄，重拾昔日之兴盛，生态与旅游并举，百姓安居乐业。古村之风貌，亦得以延续传承。

徐凌玉 博士 北京交通大学城乡规划系 讲师

很高兴今年能够参与"京内高校美丽乡村有机更新"联合毕业设计，北京交通大学的同学和其余六所兄弟院校的同学一起，克服疫情影响下的调研不便、线上沟通困难等问题，进行了大量的资料收集、在线调研、数据分析等工作，形成对京西门头沟传统村落的全方位认知。同学们踏寻京西古道，徒步京门铁路，充分结合历史印记与时代发展，构建完整的规划体系，促进村落空间的优化整合与有机更新，为"一线四矿"沿线空间资源协同发展、门头沟生态涵养区保护、首都美丽乡村规划建设，贡献出自己的一份力量。

小组成员

徐兴蒙 **伊尔潘·阿力木**

学校：北京交通大学
专业：城乡规划专业
指导教师：徐凌玉、陈鹭
毕业设计题目：京西古道传统村落有机更新设计——北京市门头沟区王平镇东石古岩村乡村规划设计

经过一个学期的努力，在两位老师的悉心指导下，我们的毕业设计顺利完成，京西一处兴衰交替、饱经沧桑的小村落以一种全新的方式展现在人们面前。

在本次关于京西古道传统村落有机更新的联合毕业设计中，历史悠久的东石古岩村成为我们进行更新设计的对象。在乡村振兴战略以及门头沟"一线四矿"项目的推进下，我们基于东石古岩村丰富的历史文化和生态资源，从"京西古道""京门铁路""客店文化"三个元素着手，围绕"循轨通今，栖院山居"的规划主题，提出"双线交汇，京西名片""雅居客店，休闲桃源""山环水绕，原生基地"三大发展目标，同时，从立文化、兴古道、活体验三个方面，通过展示民俗和传统文化、建设村落历史展览馆、打造生态观光园等方式，旨在重塑东石古岩村发展活力，探索乡村振兴的路径。

循轨通今,栖院山居 —— 东石古岩村有机更新研究

01

01 规划背景

政策背景

■ 规划缘起

• 门头沟区推进村庄有机更新,全面打造"美丽乡村"和"一线四矿"项目建设。

> 十九大报告:实施乡村振兴战略。

> 北京市乡村振兴战略规划:乡村振兴和新型城镇化双轮驱动,准确把握北京"大城市小农业、大京郊小城区"的市情和乡村发展规律。

> 北京市规划和自然资源委员会门头沟分局:依托西山永定河文化带发展,利用京西古道对周边地区产生的不可忽视的文化效应,寻求京西古道沿线的传统村落发展策略,让优秀文化遗产保护的成果惠及其辐射范围内的更多镇村。

> "一线四矿":门大铁路及王平矿、大台矿、木城涧矿、千军台矿地区围绕文化、旅游、康养等方向,以功能定位为基础,结合产业复合、乡村复苏、生态复原、文化复归的总体目标,形成整体空间结构。

北京市第一批市级传统村落名单

• 海淀:车耳营村
• 门头沟:曝底下村、灵水村、黄岭西村、马栏村、沿河城村、西胡林村、琉璃渠村、三家店村、碣石村、苇子水村、东石古岩村、千军台村、张家庄村、燕家台村
• 房山:柳林水村、黑龙关村、石窝村、水峪村、南窖村、宝水村
• 通州:张庄村
• 顺义:焦庄户村
• 昌平:长峪城村、万娘坟村、德陵村、康陵村、茂陵村
• 平谷:西牛峪村
• 怀柔:杨树底下村
• 密云:古北口村、潮关村、河西村、吉家营村、遥桥峪村、小口村、白马关村、令公村、黄峪口村
• 延庆:东门营村、柳村村、南天门村、榆林堡村、岔道村

一线·两核 两心·八点

图片来源:北京市规划和自然资源委员会门头沟分局

■ 政策分析

> • 《关于切实加强中国传统村落保护的指导意见》
> • 《关于做好中国传统村落保护项目实施工作的意见》
> • 《北京市门头沟区人民政府批转区文化委员会关于门头沟区古村落保护办法的通知》

> • 保护文化遗产
> • 发展传统特色产业
> • 保护村落传统选址、格局、风貌、环境
> • 新建建筑风貌与原有建筑风貌保持协调一致
> • 严禁开山采石、伐木、填湖等建设活动
> • 明确古村落保护区的层次划分

上位规划

■ 《北京市国土空间近期规划(2021年—2025年)》　■ 《门头沟区王平镇国土空间规划(2020年—2035年)》

■ 《门头沟分区规划(国土空间规划)(2017年—2035年)》　■ 《北京市门头沟区王平镇东石古岩村美丽乡村规划》

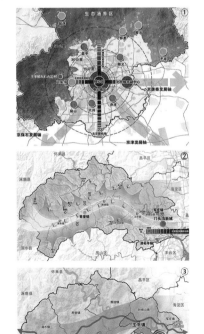

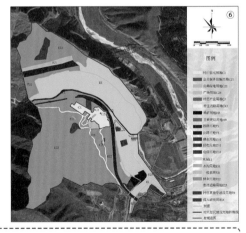

• 门头沟处于北京市生态涵养区、城市建设区两区交界处。
• 定位:首都西部重点生态保育及区域生态治理协作区、首都西部综合服务区、京西特色历史文化旅游休闲区。
• 王平镇城镇等级规模属于小城镇,邻近门头沟新城,同时处于西山永定河文化带和区域协调发展带上。
• 王平镇为浅山宜居型城镇,应加强人口、用地与风貌管控,人口适度集中,保护利用好自然人文资源,建设人与自然和谐共融的宜居家园。

图片来源:
①—《北京市国土空间近期规划(2021年—2025年)》。 ③④⑤—《门头沟区王平镇国土空间规划(2020年—2035年)》。
②—《门头沟分区规划(国土空间规划)(2017年—2035年)》。 ⑥—《北京市门头沟区王平镇东石古岩村美丽乡村规划》。

循轨通今，栖院山居 ——东石古岩村有机更新研究

02

区位及历史

■ 宏观、中观、微观区位

门头沟区位于北京城区正西偏南山区，地势西北高，东南低。老北京有一条到西部山区的繁忙山路，用于拉煤运货，即京西古道，门头沟区就位于京西古道之上。门头沟区下辖包括王平镇在内的4个街道、9个镇。

王平镇地处门头沟区中部，东北与妙峰山镇、永定镇接壤，南与龙泉镇、潭柘寺镇毗邻，西南与大台街道交界，西与雁翅镇相连。京西古道之一的王平古道正是东石古岩村的所在地，其间的石佛岭路段则为古道之极致。

东石古岩村为王平镇下辖村，位于京西王平镇镇域东部，东接下苇甸村，西接西石古岩村，南接西马各庄、东马各庄和韭园村，西距王平镇政府3.0千米。村后有石佛山古道，清朝末期，为方便来往行人休息，村内开设了数处客店，北店、下店、南店为村内现存的三处客店。

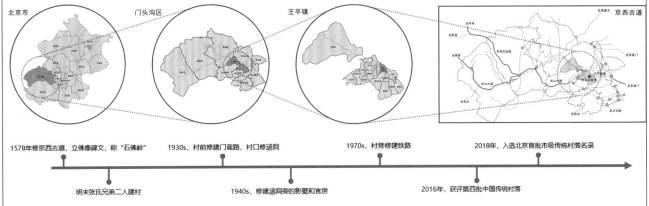

北京市　门头沟区　王平镇　京西古道

1578年修京西古道，立佛像碑文，称"石佛岭"　　1930s，村前修建门斋路，村口修涵洞　　1970s，村旁修建铁路　　2018年，入选北京首批市级传统村落名录

明末张氏兄弟二人建村　　1940s，修建涵洞旁的影壁和官房　　2016年，获评第四批中国传统村落

自然条件

■ 水文、气候、矿产

- 水文：王平镇位于京西山区与北京平原相接之处，属于浅山区，永定河从西北向东南穿流而过，大部分村庄沿河而建，属于弱水区。
- 气候：王平镇属暖温带半湿润半干旱季风气候，无霜期180天左右。年平均降水量675毫米，降雨集中在每年6月至9月，7月最多。
- 矿产：王平镇以出产煤炭著称，仅保有的储量就达7000万吨以上，且均为优质无烟煤。为保护环境、涵养生态，原有矿区已全部停产。

门头沟区	2017	2018	2019	2020
降水量(mm)	711	403.1	405.7	522.2
全年平均气温(℃)	13.6	13.3	13.8	13.5

■ 高程、坡度、坡向

社会经济

■ 人口

2021年，王平镇户籍户数为2000户，户籍人口为3875人，东石古岩村户数112户，常住人口186人。

■ 经济与产业

- 2021年，东石古岩村集体经济总收入44.1万元，居民年人均所得25470元，整体收入较低。
- 第一产业：以果树种植业为主导，种植种类有樱桃、核桃等，自然资源和农业资源相对较丰富。
- 第二产业：东石古岩村现状无第二产业。
- 第三产业：以传统村落观光、特色农家乐、地质科教学习、果品采摘为主。

■ 名胜古迹

门头沟部分村庄名胜古迹及民俗文化统计

村落名称	古建筑	宗教遗址	文物古迹	民俗文化
雁翅下村	广亮院、双店居、石甬居等	关帝庙等	百年课本《初等小学修身教科书》	蹦蹦戏等
灵水村	古民居、举人故居、戏台	灵泉禅寺等	三禁碑、皇家文书、时辰钟	蹦蹦戏
桑峪村	古民居、过街楼	天主教堂	前桑峪人遗址	山梆子戏
沿河城村	古民居、城墙、城门、戏台	柏山寺遗址	修城碑、守备府碑、七孔铁路桥	/
东杭林村	古民居	/	东胡林人遗址	/
西胡林村	古民居	/	贞节庙	/
灵岳寺村	古民居	灵岳寺	/	/
马栏村	古民居	龙王观音禅林大殿遗址	八路军冀热察挺进司令部	山梆子戏
杨家船村	古民居	五道庙遗址	贞节牌	/
柏峪村	古民居	长城砖窑遗址	/	秧歌戏等
双石头村	古民居	关帝庙	官道碑	/
东石古岩村	古民居	/	摩崖石刻、石佛岭古道	窗花挂画、剪纸
琉璃渠村	古民居、商宅院、过街楼	关帝庙	万缘同善茶棚	五虎少林会
三家店村	古民居、天利煤厂等	龙王庙、二郎庙等	山西会馆、龙泉雾	京西太平鼓
韭峪村	古民居	关帝庙	重修圣泉寺碑记	/
石门营村	古民居、刘鸿瑞宅院	关帝庙	陶高（战国时期）	/
樱桃沟村	庄士敦别墅	和山栖隐禅寺遗	/	/
石佛村	古民居	靴邻戚台庙	古道、摩崖造像	/

王平镇各村人口占比

王平镇人口年龄结构

2021年王平镇各村集体总收入

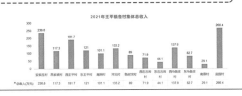

循轨通今，栖院山居 ——东石古岩村有机更新研究

03

02 村庄现状

用地与建筑

■ 村庄用地

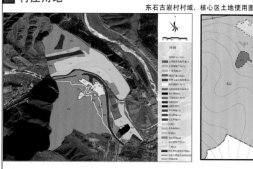
东石古岩村村域、核心区土地使用图

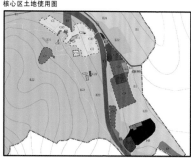

东石古岩村现状土地使用表

图表来源：根据《北京市门头沟区王平镇东石古岩村美丽乡村规划》改绘。

■ 建筑评估

• 建筑年代、建筑质量、建筑层数、建筑结构、使用情况、屋顶形式、建筑权属、保护单位

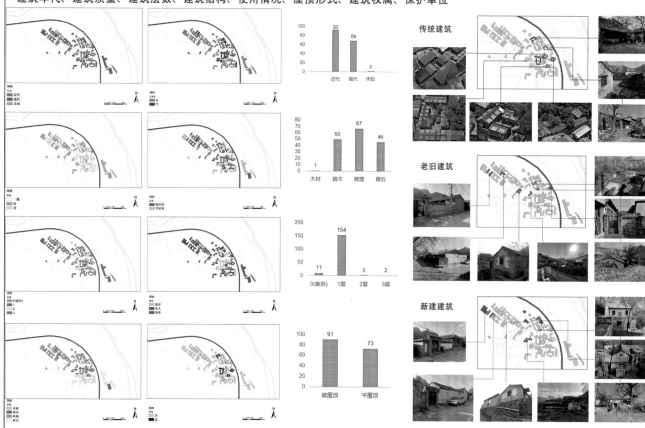

传统建筑

老旧建筑

新建建筑

公共服务、商业及旅游资源

东石古岩村同时处于109国道、京西古道、门大铁路线三条线路上，是北京中心城区以及门头沟新城地区前往京西各旅游景区的必经之路，交通优势较显著。村内目前只有摩崖石刻一处人文旅游景点，村域范围内大量林地以及北侧永定河流域未能得到充分利用，可考虑发展农业、生态等类型旅游项目。

门头沟区主要旅游资源　　王平镇主要旅游资源　　王平镇公共服务及商业设施

循轨通今，栖院山居 —— 东石古岩村有机更新研究

04

02 村庄现状

道路交通

■ 对外交通

图表来源：作者自绘、自摄

- 公路：下安公路（109国道），东石古岩村至门头沟新城车程19.6km，车行30min可达；至北京市中心51km，车行90min可达。村口有石古岩公交站，共10条公交线路。
- 铁路：大台线、丰沙线（两条铁路线均从事货运和客运）。

■ 内部交通

村内各级道路路面质量较好，入村干路宽度6m，路面材质为水泥；村内干路宽度4m，路面材质为毛石；支路宽度3~4m，路面材质为毛石；巷路宽度1.2~2.5m，路面材质为毛石。

公路断面示意图（9~12m）　村内支路断面示意图（3~4m）

村内干路断面示意图（6~7.5m）　村内巷路断面示意图（1.2~2.5m）

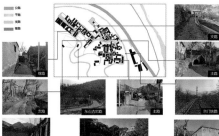

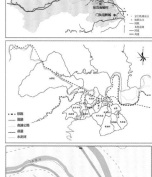

国道
县道
乡道
村内道路
● 公交站
● 出入口

发展条件

■ 发展政策

特色保留村庄
局部或整体迁移村庄
提升改造村庄

■ SWOT分析

■ 优势　　STRENGTHS

- 中国传统村落，可挖掘和利用的人文资源丰富（客店），有利于文化旅游建设。
- 京西古道、京门铁路双线交汇的重要节点。
- 村庄紧靠109国道，交通优势明显。

WEEKNESSES　　劣势 ■

- 村庄处于生态控制区，开发建设活动受限制。
- 村庄建筑风貌特色不明，缺乏建设指引。
- 村庄人口稀少，老龄化程度高，服务设施不足。

SWOT

■ 机遇　　OPPORTUNITIES

- 北京市、门头沟区乡村振兴战略工作推进，加快乡村建设。
- 京西古道登山步道修缮完毕，王平门段全线贯通。
- 门头沟区重点推进打造"一矿四线"文旅康养休闲区。

THREATS　　挑战 ■

- 村居建设与村庄环境美化存在矛盾。
- 村庄产业基础薄弱，缺乏充足的资金进行建设。
- 村庄知名度较低，缺少特色旅游项目，对游客吸引力不足。

03 规划策略

发展目标

■ 目标定位和规划主题

发展途径

■ 运营机制和功能策划

双线交汇，京西民片：加强古道铁路保护，建设京西历史文化发展展示平台。

循轨通今，栖院山居　山环水绕，原生基地：提升人居环境品质，建设门头沟宜业宜居乡村示范点。

雅居客店，休闲桃源：推进旅游产业发展，建设北京市乡村休闲度假目的地。

立文化："一线四矿"文旅线路建设，宣纸烙画、剪纸等传统工艺，农业采摘观光园。

兴古道：京西古道登山步道、传统村落历史文化展览馆、客店民宿。

活体验：全时、全域、全生态整村打造传统文化及生态观光旅游村。

循轨通今，栖院山居 ——东石古岩村有机更新研究

05

04 村域规划

村域鸟瞰图

总平面图

图 例
1 游客服务中心
2 村委会
3 民宿餐饮
4 文化展览馆
5 卫生所
6 垃圾收集站
7 民俗体验馆
8 京西古道入口
9 铁路公园
10 村庄主入口
11 采摘园
12 村民自种区
13 农业科普区
14 公共停车场
WC 公共厕所

0 5   25   50m

循轨通今，栖院山居 ——东石古岩村有机更新研究

04 村域规划

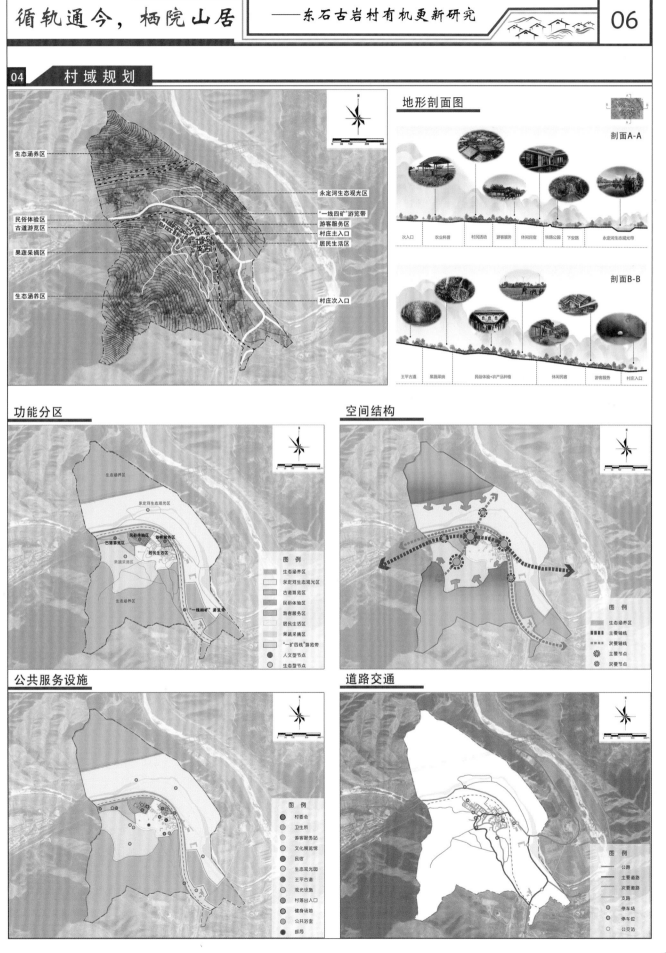

地形剖面图

剖面 A-A

剖面 B-B

功能分区

空间结构

公共服务设施

道路交通

循轨通今 栖院山居 ——东石古岩村有机更新研究

07

04 村域规划

土地使用

用地类别	用地代码		用地名称	用地面积/hm²	占村域总用地比例/(%)
村庄建设用地			村庄居民点建设用地	5.38	6.25
	07		村民住宅用地	2.00	2.31
	08		村庄公共服务用地	1.25	1.44
	其中	08	村庄公共服务设施用地	1.01	1.16
		1401	村庄公共绿地	0.11	0.13
		1403	村庄广场绿地	0.13	0.15
			村庄基础设施用地	0.81	0.94
	其中	1313	村庄市政公用设施用地	0.1	0.12
		070303	村庄交通设施用地	0.09	0.10
		0601	村庄道路用地	0.62	0.72
	1002		村庄其他建设用地	1.32	1.53
	06		农业设施建设用地	0.48	0.55
	小计			5.86	6.77
村外建设用地			城镇建设用地	3.23	3.73
	1301		供水用地	0.28	0.32
	1303		供电用地	0.24	0.28
	1306		电信用地	0.1	0.12
	1002		采矿用地	0.98	1.13
	1101		仓储用地	0.16	0.18
	23		其他建设用地	1.47	1.70
			区域建设用地	4.89	5.65
	1201		铁路用地	4.18	4.83
	1202		公路用地	0.71	0.82
	小计			8.12	9.38
非建设用地	01		水域	15	17.34
	1705		水域沟渠	0.07	0.08
	01		耕地	1.3	1.50
	02		园地	3.61	4.17
	03		林业用地	52.25	60.39
	1507		特殊用地	0.31	0.36
	小计			72.54	83.84
村域总用地面积				86.52	100.00

图表来源：根据《北京市门头沟区王平镇东石古岩村美丽乡村规划》改绘。

村庄核心范围土地使用规划图

五线规划图

亮化建设

环卫建设

功能组团

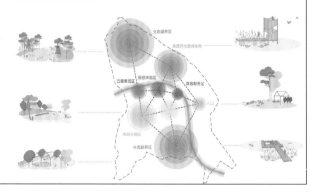

078

循轨通今，栖院山居
——东石古岩村有机更新研究

05 节点设计

节点选择

节点现状占地面积共约2921㎡，建筑面积1465㎡，容积率0.50；包括2栋传统建筑、3座废弃院落、1个村卫生所、3栋居住建筑、2个库房。

发展定位

发挥东石古岩村的交通优势，利用109国道、京西古道、"一线四矿"等带来的客流，打造涵盖旅游服务、绿色餐饮、特色住宿、购物休闲业态的入口游客服务区。

· 展览馆：传统村落展览馆，东石古岩村村史展览。

· 游客服务中心：游览项目引导中心，综合服务区（商店、售票、医疗），游客驿站（茶社）。

· 民宿+餐饮：游客驿站，特色农家乐，登山游览服务。

节点现状服务区、民宿区划分图 · 院落划分图

节点设计

节点总鸟瞰图

节点室内功能分区图

节点总平面图

| 图 | ❶游客服务中心 ❷纪念品文创商店 ❸传统村落展览馆 ❹村卫生所 ❺游客驿站（茶社） |
| 例 | ❻特色民居 ❼民宿接待区 ❽综合型民宿 ❾餐厅 ❿住宿区 |

| 图 | ❶游客服务中心 ❷纪念品文创商店 ❸传统村落展览馆 ❹村卫生所 ❺游客驿站（茶社） |
| 例 | ❻特色民居 ❼民宿接待区 ❽综合型民宿 ❾餐厅 ❿住宿区 |

节点院落划分图

指标（节点）	改造前	改造后
规划用地面积	2921㎡	2921㎡
建筑面积	1465㎡	1800㎡
容积率	0.50	0.62
建筑密度	50%	60%
绿地率	8.7%	12.8%

经济技术指标表

循轨通今，栖院山居 ——东石古岩村有机更新研究

09

05 节点设计

服务区打造策略

设计思路：以游客服务中心为核心，集旅游服务、文创销售、文化展览、休闲茶社等功能于一体，形成入口综合服务区，区域内建筑采用传统建筑形式。

民宿区打造策略

对废弃、破败的建筑进行改造，或恢复原来的形态，将仓库用地改造成民宿房，形成两个组团，分别为民宿接待区和民俗娱乐体验区。

服务区	改造前	改造后
规划用地面积	1482㎡	1482㎡
建筑面积	684㎡	863㎡
容积率	0.46	0.58
建筑密度	46%	56%
绿地率	8.2%	12.5%

民宿区	改造前	改造后
规划用地面积	1439㎡	1439㎡
建筑面积	781㎡	937㎡
容积率	0.54	0.65
建筑密度	54%	64%
绿地率	9.3%	13.2%

方案分析

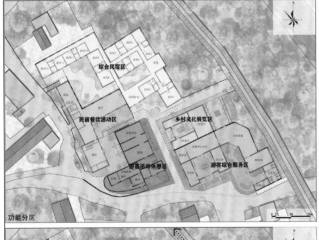

功能分区

空间划分

交通流线

安全通道

循轨通今，栖院山居

——东石古岩村有机更新研究

05 节点设计

节点剖面

剖面图A-A

剖面图B-B

剖面图C-C

剖面图D-D

场景效果图

古今交汇，乐享步道

——北京市门头沟区王平镇东石古岩村乡村规划设计

设计说明

基于门头沟区绿色发展的外在要求和"一线四矿"沿线村庄谋求发展的内在需要，将重塑京西古道历史、激活村落生机作为区域两大发展方向，将国家步道建设、公共服务设施配套作为两大发展引擎。

以区域发展战略作为东石古岩村保护与发展规划的指引，将东石古岩村打造成京西国家步道和永定河文化带上的活态历史博物馆。

国家步道作为村落发展主轴，串联村落的交通设施、历史遗迹和服务设施。继续落实河道蓝线调整的要求，为村委会选取新址，同时划定各项设施以及建设用地的范围。

从"三生"角度入手，生态聚焦步道沿线生态治理，生产聚焦乡村山林经济激活，生活聚焦乡村社区生活圈建设。统筹协调村庄发展利用和生态保护，村域非建设用地聚焦生态修复，分区治理并选取相对应的植被树种，打造健康、舒适、沿线景色宜人的国家步道，村庄集中建设用地依托国家步道发展综合服务业。

指导教师

王鑫　博士　北京交通大学城乡规划系　副教授

广义上的京西地区包括门头沟区和房山区，以及昌平区的一部分，北至居庸关和南口以南，南至大石河和北拒马河之间的区域，将狭义来讲，"京西"专指门头沟区的大部分区域，和历史上的"京西古道"所覆盖片区相吻合。侯仁之先生认为，北京地处"两河之间"，是山、水、城、路等空间要素整合协同的产物，还是华北平原与北方山地之间"陆路交通线"上的"焦点"。此次联合毕业设计，立足区域、面向乡村、导向发展，旨在通过提炼地域历史文化特征，归纳村落保护利用的新范式，为识别空间特征、强化地方认知、提升环境品质提供技术支撑。

在长达半年的联合毕业设计交流中，老师和同学们克服了疫情带来的困难，在寒假之前完成了两次田野调查，后续借助网络调研和线上沟通持续推进，直至完成最终成果。在这个过程中，大家和其他六所院校师生多次研讨，就资源型村落再生、驿道文化赋能、城乡综合发展、集中连片保护等议题展开了富有深度的讨论，收获良多。期待联合毕业设计能够持续进行，常做常新，为多学科交流、理论实践融通提供更多的支撑。

付泉川　博士　北京交通大学城乡规划系　讲师

本次"京内高校美丽乡村有机更新"联合毕业设计聚焦京西古道传统村落，依托西山永定河文化带和京西古道的文化辐射，对"一线四矿"沿线村庄提出了保护与发展策略。通过对东石古岩村相关资料的充分梳理和现场调研，同学们从区域的视角横向比较了门头沟区各乡镇的旅游势能，抓住了国家步道建设与京西古道历史的结合点，确定了东石古岩村的战略发展方向，并提出了有的放矢的有机更新策略。此次联合毕业设计成果丰硕，为京西古道传统村落的发展与更新提供了新的思路。

小组成员

高昊文、叶舟
学校：北京交通大学　　学院：建筑与艺术学院　　专业：城乡规划专业

高昊文

本次联合毕业设计有七所学校参与京西古道传统村落有机更新设计中，我们组选择的是东石古岩村。东石古岩村作为较早一批确定为中国传统村落的村庄，位于永定河沿岸的山地上，村域内保留有京西古道的遗迹。周边地势环境限制了村庄的视线被识别性；生态环境和历史文化是发展的动力，各项区域规划政策也为村庄发展提供了很好的契机。没有想到，我们的大五下学期赶上了疫情无法返校，只能在家完成了本科期间最后一次设计。在这个过程中要感谢很多人：感谢老师细心的指导，王鑫老师和付泉川老师每次都能非常细致地点评我们的成果，过程中纠正了我们很多观念上的误解以及表达规范上的错误；感谢父母在生活上的照顾，居家学习办公过程中，生活上的快乐和幸福大多数都是来源于家人；感谢我的队友同样也是我的室友（叶舟），这次毕业设计算是我们大学时光和宿舍时光的结尾画上句号了，匆匆五年我们已从刚入学的青涩成长为现在的成熟，这将是我们人生中最难忘的一段时光。我们2022届毕业生们即将踏上新的人生阶段，在此祝愿所有的同学们前程似锦！

叶舟

在此次联合毕业设计过程中，付泉川老师给了我大力的帮助和指导，在设计方案的选址、资料查询、开题、规划等每个环节，都给予我细致入微的指导和帮助，在此深表感谢！同时也感谢其他帮助和指导过我的老师和同学。还要感谢在背后一直默默付出的父母，由于疫情，迟迟未能返校，毕业设计的大部分时间都在家中度过，在这段时间，家人的关怀和支持是我努力学习的动力，也使我顺利地完成了毕业设计。最后，要感谢我的组长高昊文同学，由于考研复试，一直很忙碌，在那段时间里他给予了我莫大的帮助，帮助我顺利地度过那段艰难的时光。此次毕业设计并非终点，前路漫漫，在今后的工作和生活中必将继续砥砺前行，不负韶华。

古今交汇，乐享步道
——北京市门头沟区王平镇东石古岩村乡村规划设计

区域分析——旅游发展潜力

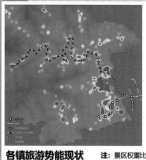

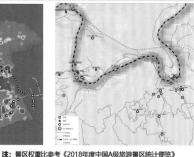

来源：自绘	来源：自绘	来源：自绘
交通方式一：驾车	交通方式二：现状·共交通	交通方式三：未来公共交通
路线： 阜石路——石担路——京拉线——居下安路——下安路	路线： 地铁六号线（金安桥方向）苹果园地铁站——苹果园 公交站——M6/M22/929路——石古岩 公交站——步行100米	路线： 地铁六号线（金安桥方向）金安桥地铁站——市郊铁路——韭园站——步行700米
时间：1小时左右	时间：2小时30分钟左右	
特点： 自由度较高，游客以家庭为主	特点： 受发车时间限制，旅游目的地数量受限	特点： 运送能力强，但联动徒步线路和公交系统

各镇旅游势能现状

注：景区权重比参考《2018年度中国A级旅游景区统计便览》

区域	乡村旅游点	3A景点数	4A景点数	5A景点数	旅游景区加权得分	旅游收入（万元）	旅游势能
王平镇	3	1	0	0	8	55	7
妙峰山镇	5	3	1	0	32	1361	40
斋堂镇	9	5	0	0	34	1938	57
雁翅镇	3	0	0	0	3	38	12
永定镇	7	0	1	0	19	706	37
潭柘寺镇	4	1	2	0	33	841	26
清水镇	2	2	0	0	12	87	7
军庄镇	5	0	0	0	5	73	14

各镇旅游势能差

地区	王平镇	妙峰山镇	斋堂镇	雁翅镇	永定镇	潭柘寺镇	清水镇	军庄镇
王平镇	—	-33	-50	-5	-30	-19	0	-7
妙峰山镇	33	—	-17	28	3	14	33	26
斋堂镇	50	17	—	45	20	31	50	43
雁翅镇	5	-28	-45	—	-25	-14	5	-2
永定镇	30	-3	-20	25	—	11	30	23
潭柘寺镇	19	-14	-31	14	-11	—	19	12
清水镇	0	-33	-50	-5	-30	-19	—	-7
军庄镇	7	-26	-43	2	-23	-12	7	—

通过分析区域交通，得出从市区前往东石古岩村的三种交通方式。方式一：驾车，其特点是自由度高，游客以家庭为主；方式二：现状公共交通，其特点是受发车时间限制，且旅游目的地数量受限；方式三：由于市郊铁路的开通而产生的未来公共交通，其特点是游客运送能力强，可与现状徒步线路和公交系统联动。

接下来对门头沟区各镇的旅游势能进行分析。旅游势能是指各县（区）根据其景点数量、景区等级赋予相应的权重，得出各县（区）的景区得分。景区得分对比旅游收入，得出该县（区）旅游综合势能。即旅游势能为每单位景区得分下的收入值，如左表所示为门头沟区各镇的旅游势能分布。再通过对各镇建立矩阵，得出对应的旅游势能差。经分析，王平镇旅游势能在门头沟区排名靠后，而旅游景区加权得分却高于雁翅镇和军庄镇，说明其旅游现状势能、资源不匹配，未来可以发挥自身旅游资源，利用其余镇域旅游势能的溢出效应谋求发展。

随着"一线四矿"旅游战略的推进，京门铁路将在王平镇设立王平站和韭园站，这将极大地促进周边旅游产业的发展。从住宿、餐饮、民俗休闲设施三个角度分析发现，旅游服务设施在站点周边集聚明显。

现状基础与发展条件分析

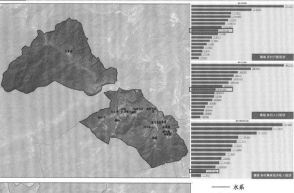

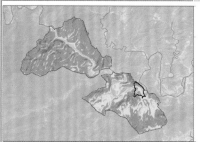

水系	
王平镇 边界	
村域 边界	

坡度分析
- 平原
- 微斜坡
- 缓斜坡
- 斜坡
- 陡坡
- 峭坡
- 垂直壁

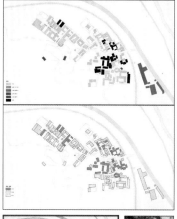

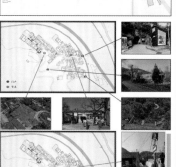

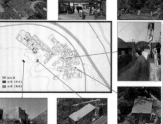

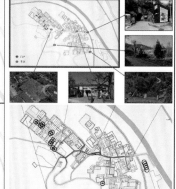

对王平镇的社会经济进行分析，其中东石古岩村常住人口与镇域其他村落相比，处在中游水平，而经济收入却处在倒数位置。对王平镇的地理环境进行分析，从坡度分析看，东石古岩村建设用地均分布在"斜坡"地形上，是较明显的河谷地区；从坡向分析看，东石古岩村建设用地分布在"阴坡"和"半阴坡"地带，全天光照条件一般。

王平站和韭园站周边的旅游产业分布也呈现出两种模式：王平站周边餐饮行业更加密集，韭园站附近主要为民俗旅游住宿。

对村庄内部道路进行空间句法分析，从道路整合度分析结果可以判断，红色路线为村庄的主路，是人们步行时最常走的路段。村庄东侧是保护建筑和院落密集分布的区域，从主干路出发能够较方便地到达各个保护建筑和院落。而承担对外交通功能的村车行道处在村建设用地外围，与村其他道路连接度不高。

通过实地调研，我们还对东石古岩村内部的建筑用途现状以及建筑结构和材料进行了汇总分析，并标注了村中的各处节点和基础设施分布。根据对村民的走访以及查阅资料，了解到东石古岩村拥有4项区级非遗项目。

古今交汇，乐享步道

——北京市门头沟区王平镇东石古岩村乡村规划设计

区域发展契机——门头沟国家步道规划

京西古商旅道国家历史步道
永定河国家综合步道
沿长城国家历史步道
妙峰山区域历史步道

N 0 1 5 10km

全区步道定性及定级建议

京西古商旅道 太行山国家步道（门头沟段）	沿长城通道 长城国家步道（门头沟段）	永定河通道 永定河国家步道（门头沟段）	妙峰山香道 妙峰山区域步道（门头沟段）	百花山—灵山步道 百花山—灵山区域步道（门头沟段）
国家级历史步道	国家级历史步道	国家级综合步道	区域级历史步道	区域级自然步道

图片来源：《北京门头沟国家步道系统规划》。

基于门头沟区绿色发展的外在要求和"一线四矿"沿线村庄谋求发展的内在需要，将重塑京西古道历史、激活村落生机作为区域两大发展方向，将国家步道建设、公共服务设施配套作为两大发展引擎。

承接"一线四矿"发展规划，王平站是区域发展核心，色树坟和韭园是两个特色站点，通过国家步道串联马致远故居和东石古岩传统村落。

协调国家步道沿线各村落组团的产业布局，其中户外运动服务是区域一大特色产业。

在王平矿、古道遗址、东石古岩村、马致远故居四个吸引点，按季节策划不同的特色活动，吸引城里游客来访。

王平站至韭园站是步道的重点发展段，古道、铁路、公路、水系在此段相互平行，充分利用现有慢行道路建设国家步道，因蓝线腾挪后的村委会区域将作为承办徒步活动开幕式、游客集散的场地。

在国家步道建设中，徒步旅行与驾车和公共交通之间将有多样的换乘策略。

两大发展方向

重塑京西古道历史	激活村落生机
振兴乡村山林经济	

两大发展引擎

国家步道建设	公共服务设施配套
建设 徒步旅游体验基地	增补 徒步旅游服务设施

区域发展结构

承接"一线四矿"发展规划，通过国家步道串联马致远故居和东石古岩传统村落。

区域步道沿线交通接驳规划

国家步道王平镇段：京西古商旅道国家历史步道+永定河综合步道

王平矿遗址	石佛岭古道遗址	东石古岩 中国传统村落	马致远故居
王平站	色树坟站	韭园站	

区域营销策划

春	门头沟山花节 会说画艺术节 东石古岩村
夏	户外营地夏令营 京西音乐节 户外电影嘉年华
秋	国家步道论坛 山地健步大会 北京山地红叶节
冬	门头沟银冬冰雪节

区域步道线路规划

承办活动开幕式、游客集散 村委会备用房 腾退

区域产业布局

古今交汇，乐享步道

——北京市门头沟区王平镇东石古岩村乡村规划设计

村域发展结构

图例
1. 摩崖石刻
2. 古道马鞍窝
3. 微数桥
4. 基础服务中心
5. 官房古道
6. 村委会
7. 村史馆
8. 下马古楼
9. 石炭纪古道影壁
10. 公交停车站
11. 矿区遗址公园
12. 道班站

图例
- 旅游节点
- 旅游服务
- 时外交通设施

王平矿区 方向

将枢村落林貌展示

马致远故居 方向

村域用地布局

集中建设区

蓝线调整前 村庄规划

图片来源：参考《东石古岩村美丽乡村规划》自绘。

用地类别	用地代码	用地名称	占村域总面积比例/(%)	用地面积/hm²
村庄建设用地		村庄居民点建设用地	2.06%	1.77
	V1	村民住宅用地	2.06%	1.77
		村庄公共服务用地	0.31%	0.27
	V21	村庄公共服务设施用地	0.23%	0.20
	V22	村庄公共绿地	0.05%	0.05
	V23	村庄广场用地	0.03%	0.02
		村庄基础设施用地	1.50%	1.29
	V41	村庄道路用地	1.44%	1.24
	V43	村庄公用设施用地	0.05%	0.05
		小计	3.87%	3.33
		城镇建设用地	1.89%	1.63
村外建设用地	U15	电信用地	0.11%	0.10
	U12	供电用地	0.28%	0.24
	U11	供水用地	0.35%	0.30
	G	公园绿地	1.15%	0.99
		区域建设用地	6.49%	5.59
	T2	公路用地	1.49%	1.28
	T1	铁路用地	5.00%	4.30
		小计	8.38%	7.21
非建设用地	E13	坑塘沟渠	0.04%	0.03
	E1	水域	30.94%	26.63
		农林用地	55.01%	47.34
	E22	林业用地	53.51%	46.05
	E23	一般农田	1.50%	1.29
		其他非建设用地	1.76%	1.51
		小计	87.75%	75.52
		村庄总用地面积	100.00%	86.06

N
80 40 0 80 160 240 320 m

图 例
- 村域范围
- 村民住宅用地
- 村庄公共服务设施用地
- 村庄广场用地
- 村庄公共绿地
- 村庄基础设施用地
- 村庄道路用地
- 村庄产业用地
- 村庄其他建设用地
- 供水用地
- 供电用地
- 电信用地
- 公路用地
- 铁路用地
- 其他建设用地
- 其他非建设用地
- 耕地
- 园地
- 林地
- 公园绿地
- 坑塘沟渠
- 水域
- 待深入研究用地

非集中建设区：整合生态格局 营造健康舒适的慢行步道环境

裸岩山体植被修复

永定河水体植被保护

山坡林地植被保护

集中建设区：传统院落修复+国家步道服务

区域发展战略作为东石古岩村保护与发展规划的指引，将东石古岩村打造成京西国家步道和永定河文化带上的活态历史博物馆。国家步道作为村落发展主轴，串联村落的交通设施、历史遗迹和服务设施。

继续落实河道蓝线调整的要求，为村委会选取新址，同时划定各设施以及建设用地的范围。

保护与控制范围，分为三个层次，分别为核心保护区、建设控制地带和环境协调区。

从"三生"角度入手，生态聚焦步道沿线生态治理、生产聚焦乡村山林经济激活、生活聚焦乡村社区生活圈建设。

统筹协调村庄发展利用和生态保护，村域非建设用地聚焦生态修复，分区治理并选取相对应的植被树种，打造健康、舒适、沿线景色宜人的国家步道。村庄集中建设用地依托国家步道发展综合服务业。

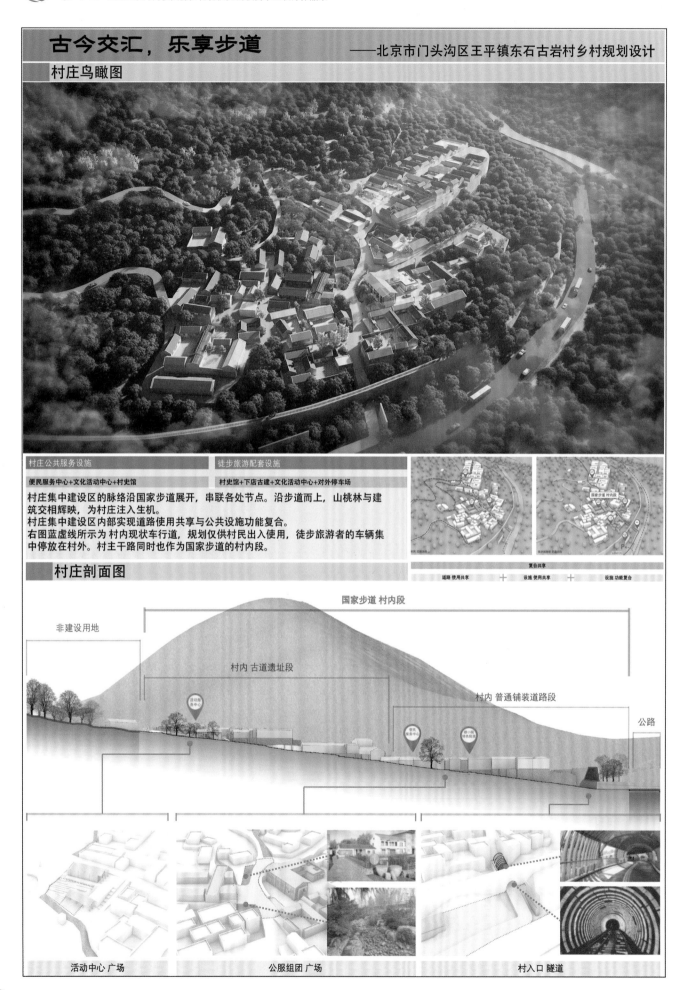

古今交汇，乐享步道

——北京市门头沟区王平镇东石古岩村乡村规划设计

村庄鸟瞰图

村庄公共服务设施	徒步旅游配套设施
便民服务中心+文化活动中心+村史馆	村史馆+下店古建+文化活动中心+对外停车场

村庄集中建设区的脉络沿国家步道展开，串联各处节点。沿步道而上，山桃林与建筑交相辉映，为村庄注入生机。

村庄集中建设区内部实现道路使用共享与公共设施功能复合。

右图蓝虚线所示为村内现状车行道，规划仅供村民出入使用，徒步旅游者的车辆集中停放在村外。村主干路同时也作为国家步道的村内段。

复合共享

道路 使用共享　+　设施 使用共享　+　设施 功能复合

村庄剖面图

国家步道 村内段

非建设用地

村内 古道遗址段

村内 普通铺装道路段

公路

活动中心 广场　　　公服组团 广场　　　村入口 隧道

古今交汇，乐享步道
——北京市门头沟区王平镇东石古岩村乡村规划设计

庭院模式

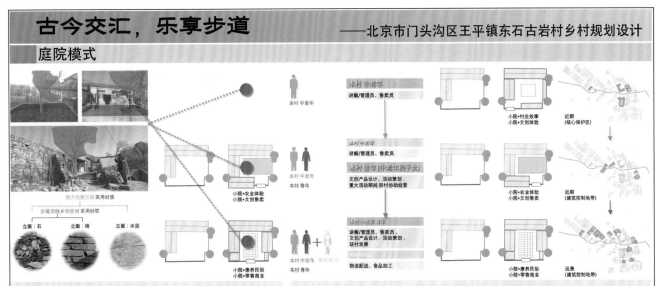

村庄发展注重时序的安排。从前期分析可以看出，村庄在用地、人口、产业方面的基础薄弱，不具备大规模的商业开发潜力，发展初期的主要目标应是提升旅游吸引力和服务设施建设。

采用微介入的方式，选取特色院落作为更新试点和示范区。未来随着旅游吸引力的提升，分期对院落进行更新改造，动态挖掘庭院经济发展途径。延续村庄院落与树木的密切关系，规范和引导国家步道沿线建筑立面的材质。通过提取环境与建筑特征元素，保留村庄的乡土文化。

相关专项规划

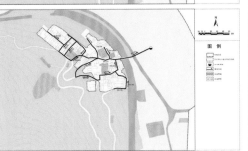

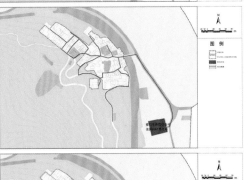

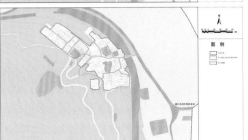

空间节点

传统村落保护还应关注民生的建设，以村委会迁址为契机，提升本村公共服务质量。在原有卫生所的基础上进行改扩建，与现状村委位置相比较，调整后在便民服务中心附近形成公共服务组团。

从村庄各处出发，最远步行300米便可到达便民服务中心。

围绕便民服务中心，打造一站式家门口服务综合体，集村委会、老年助餐点、卫生所、居村儿童之家为一体。引入社区生活圈概念，在便民服务中心满足老、中、青不同年龄人群的需求。结合村委会开设创业中心，为回村发展文创产业的青年提供业务办理的服务。

空间节点——村庄历史和民俗展览馆

为非物质文化提供实物载体，将现有空置的保护院落更新为展示空间，将村庄发展为活态博物馆，满足游客前来体验的好奇心。

对现状中南院和碾小院两处传统院落进行风貌修复，并赋予其新的功能。南院将作为村史展览馆，讲述东石古岩村建村史。碾小院将作为民俗体验特色院落，到访东石古岩村的游客可在此院中认识果蔬粮食，体验烫画、麦秆画、剪纸等中国传统手工技艺。

根据现状调研照片，运用照片匹配技术恢复古院落风貌，整理沿用门窗形式，传承乡土建筑特色。

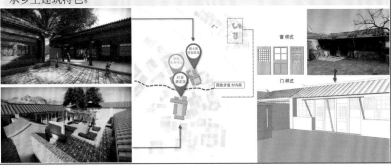

古今交汇，乐享步道

——北京市门头沟区王平镇东石古岩村乡村规划设计

设计节点 前期分析

设计节点 效果图

沿国家步道继续步行，来到活动服务中心，这也是我们的设计节点部分。场地地处石佛岭遗址起始端。实地调研中我们发现，村庄中没有零售超市，游客口渴了无处买水，也没有遮风避雨的休息区，同时缺乏融合现代元素的展示空间。结合实地参观感受和分析得出现状道路组织问题。遵循周边建筑群的肌理，将车行流线和人行流线分离，利用建筑分割形成两个公共广场。

活动服务中心服务的主要人群为徒步旅行者和当地村民，就京西步道而言，其沿线缺乏为旅行者服务的设施，就村庄而言，其内部缺一个满足居民日常公共活动的空间，所以我们给这块场地的定位是旅客休憩驿站以及村民活动广场。该场地有较大的坡度，所以我们做了退台式的处理，将场地划分为三层不同高度的平台。第一层，也就是最贴近步道的一侧，作为村庄非遗以及展现历史风貌的户外展览区，其主要服务于外来的徒步旅行者。第二层，主要采用景观设计的手法，配置绿廊与花园，既为徒步旅行者提供休憩场所，同时也能作为村民平时公共活动的空间。第三层，承担了活动服务站的功能，提供餐饮以及必要的物资补充服务，其服务范围也是双向的。从空中的半鸟瞰视角可以看出在不同功能的平台空间所发生的交往行为，一层一层的退台也为外来者和村民带来不一样的空间体验，第二层景观绿廊与一旁山桃林和远山遥相呼应。

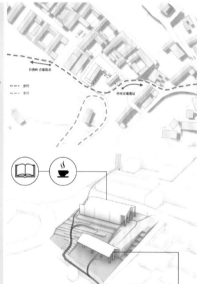

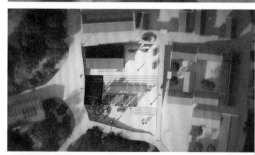

设计节点 场地分析

北京工业大学

○ 居游桑梓·共赴新生——基于乡村民宿聚落社区化理念的北京市门头沟区妙峰山镇炭厂村村庄规划

○ 三"lian"主义——北京市门头沟区"一线四矿"之王平矿片区更新规划设计

居游桑梓 • 共赴新生
——基于乡村民宿聚落社区化理念的北京市门头沟区妙峰山镇炭厂村村庄规划

刘泽

博士

北京工业大学城乡规划系副主任

2022年全球疫情持续蔓延，在一个特殊时期，第二届"京内高校美丽乡村有机更新"联合毕业设计活动以线上答辩的特殊方式完美落幕。毕业设计中，同学们结合实地调查与网络资料收集，建立认知体系，系统规划运用知识体系，以空间设计展现技能体系，以精炼表达展现综合素养，为门头沟"一线四矿"沿线村庄的发展与更新设计提供了新的思路与愿景，成果丰硕、成绩显著。希望每位同学都能保持对乡野的热情，共同致力于乡村振兴事业；也祝愿"京内高校美丽乡村有机更新"联合毕业设计越办越好。

学校：北京工业大学
专业：城乡规划专业
姓名：肖兵
指导教师：刘泽
此次项目题目：居游桑梓·共赴新生——基于乡村民宿聚落社区化理念的北京市门头沟区妙峰山镇炭厂村村庄规划

近年来，受疫情影响，房车露营民宿已成为户外"顶流"，规划以炭厂村现状普遍存在的农家院产业为着手点，营造温暖共享的氛围，实现乡村生活共同体的目标。

在对基地现有环境和人群进行深入调研之后，从基地主要适用人群的感受出发，对村庄和景区联合进行不同功能设计以满足不同的需求，期望从不同主体的视角出发都能达到宜居、宜业、宜游、宜养、宜学的共同体验，建设生态舒适、文化共融、聚落发展的乡村民宿旅游示范社区。

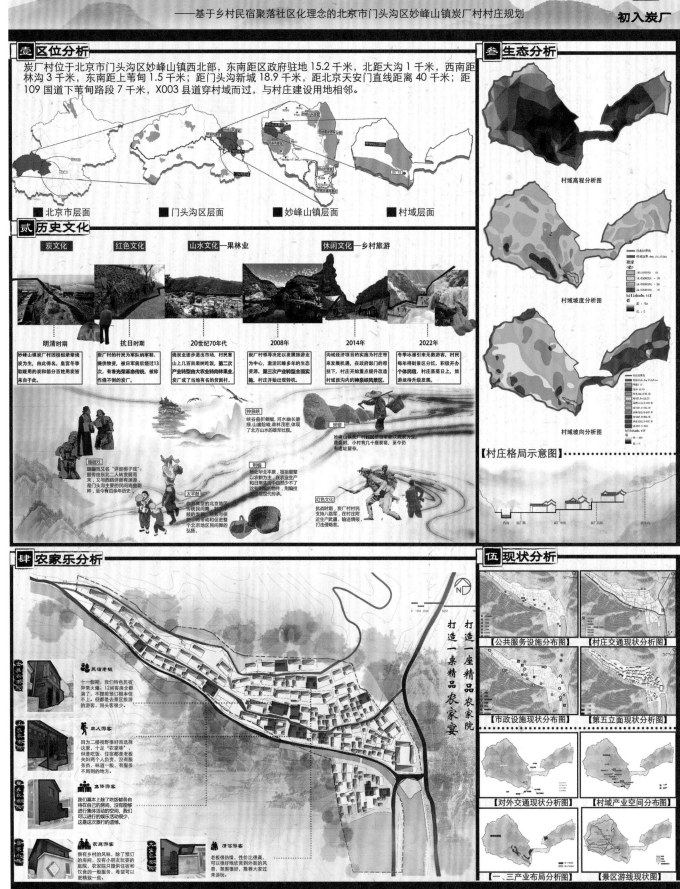

居游桑梓 · 共赴新生

——基于乡村民宿聚落社区化理念的北京市门头沟区妙峰山镇炭厂村村庄规划

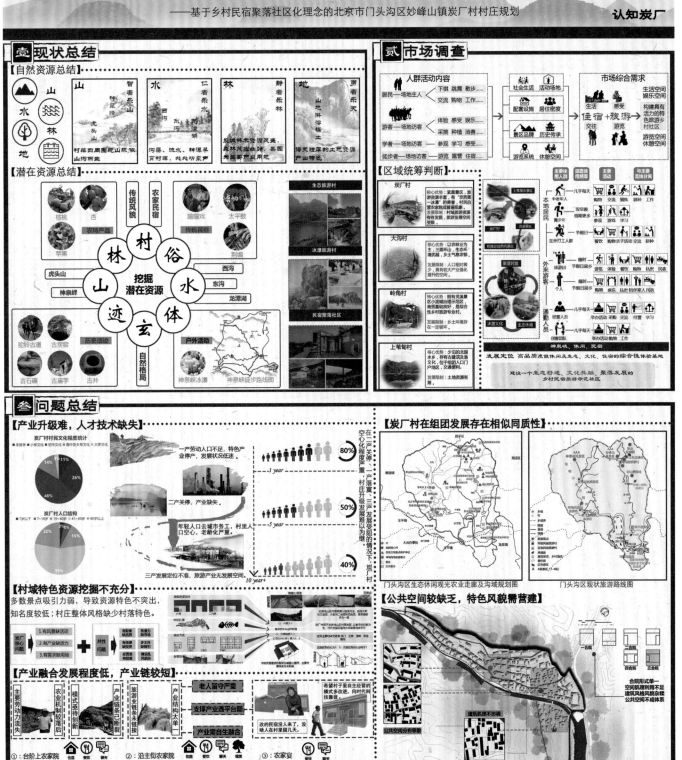

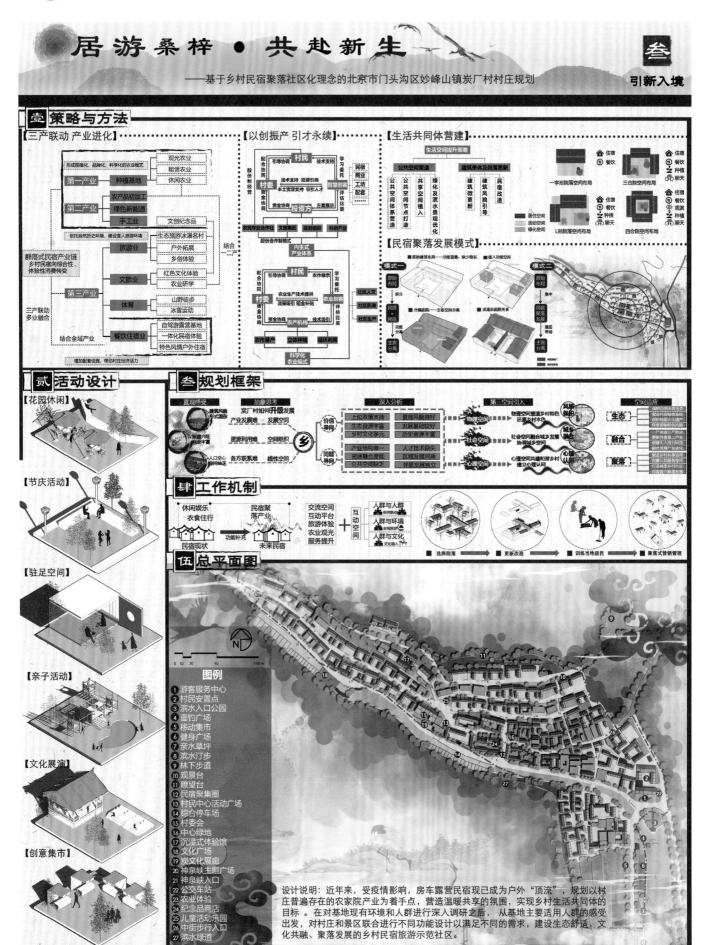

居游桑梓 • 共赴新生

——基于乡村民宿聚落社区化理念的北京市门头沟区妙峰山镇炭厂村村庄规划

肆
依乡造景

壹 整体鸟瞰图

贰 公共空间模式

滨水广场　学习广场　观景平台

入口公园　中心绿地　儿童广场

口袋公园　中心广场　围合广场

文化广场　健身广场　入口广场

叁 村庄赋能

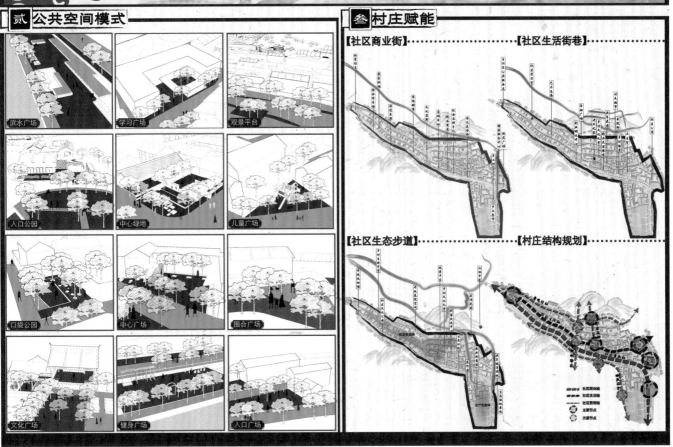

【社区商业街】　【社区生活街巷】

【社区生态步道】　【村庄结构规划】

居游桑梓 · 共赴新生

——基于乡村民宿聚落社区化理念的北京市门头沟区妙峰山镇炭厂村村庄规划

伍
宜居宜游

壹 生态更新

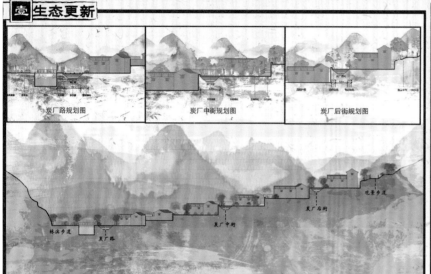

炭厂路规划图　　炭厂中街规划图　　炭厂后街规划图

贰 节点改造

【入口节点】

【次入口节点】

【民宿聚落节点】

叁 场景营造

【中心绿地】
中心绿地位于村庄中心位置，与周边民宿互通，处于民宿聚落核心位置，是游客与村民流线交叉最多的地点。

【民俗商业街】
配套建设商业街，打破村庄原有单一功能主街道，升级整体的商业业态。商业街的规划建设包括泉水宴饭店、商铺、旅游纪念品店、土特产店等传统店铺。

【多样店铺体验】
旅游商品的开发是旅游观光业的重要项目之一；除了与本地结合的具有乡土特色的商店，考虑现代人追求的时尚，还应有咖啡厅、乡村酒吧、露营器材商店等新兴店铺。

【农业体验】
旅游景观与农业发展相结合。在传统农业空间中植入亲子互动空间，配合采摘、交易、研学、加工等体验空间，进行功能置换。

【文化展演】
开发传统文化资源。为增加旅游的项目，炭厂村从传统文化中寻找具有本地乡土特色的内容，充分挖掘非物质文化遗产——蹦蹦戏、太平鼓等，打造炭厂文化展演戏台。

【户外住宿】
房车露营民宿现已成为户外"顶流"。推出"赏花+露营""房车+露营""露天音乐+露营""旅拍+露营""下午茶+露营"等花式户外住宿，带动景区及村庄发展。

【村民活动广场】
村民活动广场位于村委会附属用房北侧中街旁的开敞活动场地，周边有老年活动中心、村委会村民培训中心、创业孵化中心，地理区位优越。

【滨水广场】
沿用原有的滨水广场，设置体育健身区、休闲娱乐区、观赏休憩区，增设亲水垂钓平台，打造生态湿地景观。炭厂南路增设移动摊位，开发自生经济。

【民房院落】
沿用三合院的院落布局形式，增加宅前绿化及休憩空间，丰富庭院绿化形式，建筑颜色及材质统一，屋顶采用棋盘心屋面，利用炭文化小品营造乡土特色。

肆 路线规划

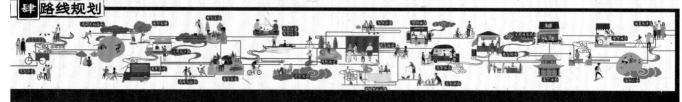

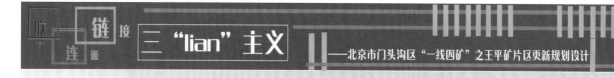

三"lian"主义 ——北京市门头沟区"一线四矿"之王平矿片区更新规划设计

刘泽

博士

北京工业大学城乡规划系副主任

2022 年全球疫情持续蔓延，在一个特殊时期，第二届"京内高校美丽乡村有机更新"联合毕业设计活动以线上答辩的特殊方式完美落幕。毕业设计中，同学们结合实地调查与网络资料收集，建立认知体系，系统规划运用知识体系，以空间设计展现技能体系，以精炼表达展现综合素养，为门头沟"一线四矿"沿线村庄的发展与更新设计提供了新的思路与愿景，成果丰硕、成绩显著。希望每位同学都能保持对乡野的热情，共同致力于乡村振兴事业；也祝愿"京内高校美丽乡村有机更新"联合毕业设计越办越好。

学校：北京工业大学
专业：城乡规划专业
姓名：白金岳
指导老师：刘泽
此次项目题目：三"lian"主义——北京市门头沟区"一线四矿"之王平矿片区更新规划设计

调研得出王平矿片区现存问题为村庄与矿区在空间和非空间上存在割裂情况，依托王平村现有的煤矿资源以及山林资源，解决村庄与矿区之间的割裂感，同时利用矿区带动村庄进一步发展。希望在对村庄进行规划的同时，打通矿区与村庄之间的空间或非空间的屏障，从而使两地"lian"到一起，形成共生模式。"空间上链接——矿区与村庄""时间上连通——现在与过去""经营上联合——村民与企业"，围绕这三个主题，分别从交通、景观、人流、风格、策略等多方面和多角度使矿区与村庄相连。对村庄和矿区进行规划设计，让两者融合共生，使规划区最终成为山水交融、青绿交织、工业遗存与自然生态交相辉映的特色文旅休闲度假区域。

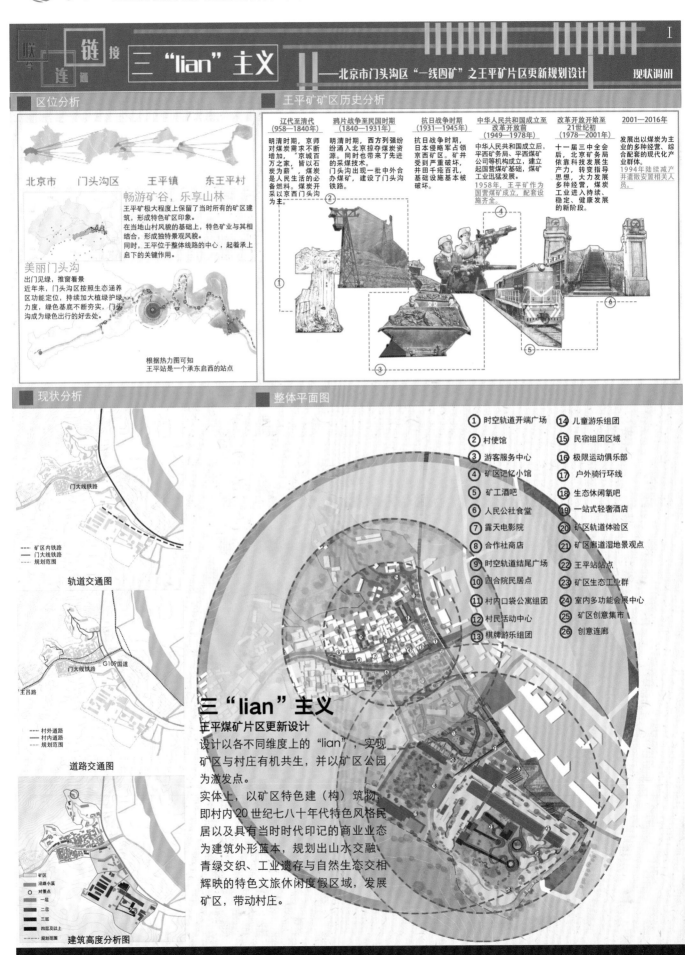

三"lian"主义
——北京市门头沟区"一线四矿"之王平矿片区更新规划设计　现状调研

区位分析

北京市　门头沟区　王平镇　东王平村

畅游矿谷，乐享山林
王平矿极大程度上保留了当时所有的矿区建筑，形成特色矿区印象。
在当地山村风貌的基础上，特色矿业与其相结合，形成独特景观风貌。
同时，王平位于整体线路的中心，起着承上启下的关键作用。

美丽门头沟
出门见绿，推窗看景
近年来，门头沟区按照生态涵养区功能定位，持续加大植绿护绿力度，绿色基底不断夯实，门头沟成为绿色出行的好去处。

根据热力图可知
王平站是一个承东启西的站点

王平矿矿区历史分析

辽代至清代（958—1840年）
明清时期，京师对煤炭需求不断增加，"京城百万之家，皆以石炭为薪"，煤炭是人民生活的必备燃料。煤炭亦为京西门头沟主采。

鸦片战争至民国时期（1840—1931年）
明清时期，西方列强纷纷涌入北京掠夺煤炭资源。同时也带来了先进的采煤技术。门头沟出现一批中外合办煤矿，建设了门头沟铁路。

抗日战争时期（1931—1945年）
抗日战争时期，日本侵略军占领京西矿区。矿井受到严重破坏，井田千疮百孔，基础设施基本被破坏。

中华人民共和国成立至改革开放前（1949—1978年）
中华人民共和国成立后，平西矿务局、平西煤矿公司等机构成立，建立起国营煤矿基础，煤矿工业迅猛发展。1958年，王平矿作为国营煤矿成立，配套设施齐全。

改革开放开始至21世纪初（1978—2001年）
十一届三中全会后，北京矿务局依靠科技发展生产力，转变指导思想，大力发展多种经营，煤炭工业进入持续、稳定、健康发展的新阶段。

2001—2016年
发展出以煤炭为主业的多种经营、综合配套的现代化产业群体。
1994年陆续减产并遣散安置相关人员。

现状分析

门大线铁路

- - - 矿区内铁路
——— 门大线铁路
- - - 规划范围

轨道交通图

门大线铁路　G109国道　王吕路

- - - 村外道路
——— 村内道路
- - - 规划范围

道路交通图

矿区
- 潺潺小溪
○ 对景点
一层
二层
三层
四层及以上
- - - 规划范围

建筑高度分析图

整体平面图

① 时空轨道开端广场
② 村使馆
③ 游客服务中心
④ 矿区记忆小馆
⑤ 矿工酒吧
⑥ 人民公社食堂
⑦ 露天电影院
⑧ 合作社商店
⑨ 时空轨道结尾广场
⑩ 四合院民居点
⑪ 村内口袋公寓组团
⑫ 村民活动中心
⑬ 棋牌游乐组团
⑭ 儿童游乐组团
⑮ 民宿组团区域
⑯ 极限运动俱乐部
⑰ 户外骑行环线
⑱ 生态休闲氧吧
⑲ 一站式轻奢酒店
⑳ 矿区轨道体验区
㉑ 矿区廊道湿地景观点
㉒ 王平站站点
㉓ 矿区生态工业群
㉔ 室内多功能会展中心
㉕ 矿区创意集市
㉖ 创意连廊

三"lian"主义

王平煤矿片区更新设计

设计以各不同维度上的"lian"，实现矿区与村庄有机共生，并以矿区公园为激发点。

实体上，以矿区特色建（构）筑物，即村内20世纪七八十年代特色风格民居以及具有当时时代印记的商业业态为建筑外形蓝本，规划出山水交融、青绿交织、工业遗存与自然生态交相辉映的特色文旅休闲度假区域，发展矿区，带动村庄。

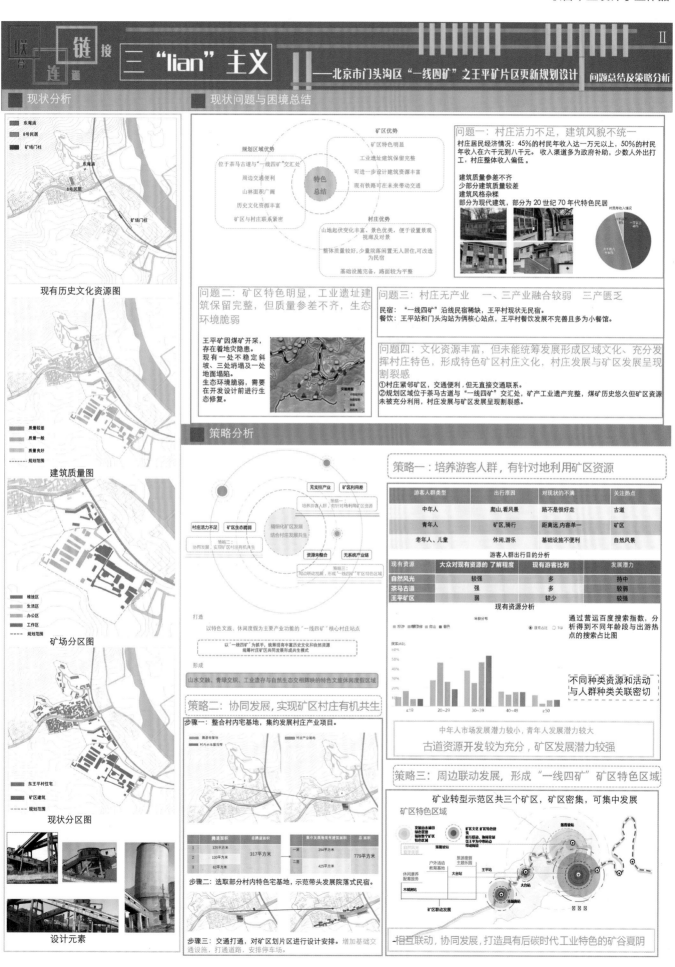

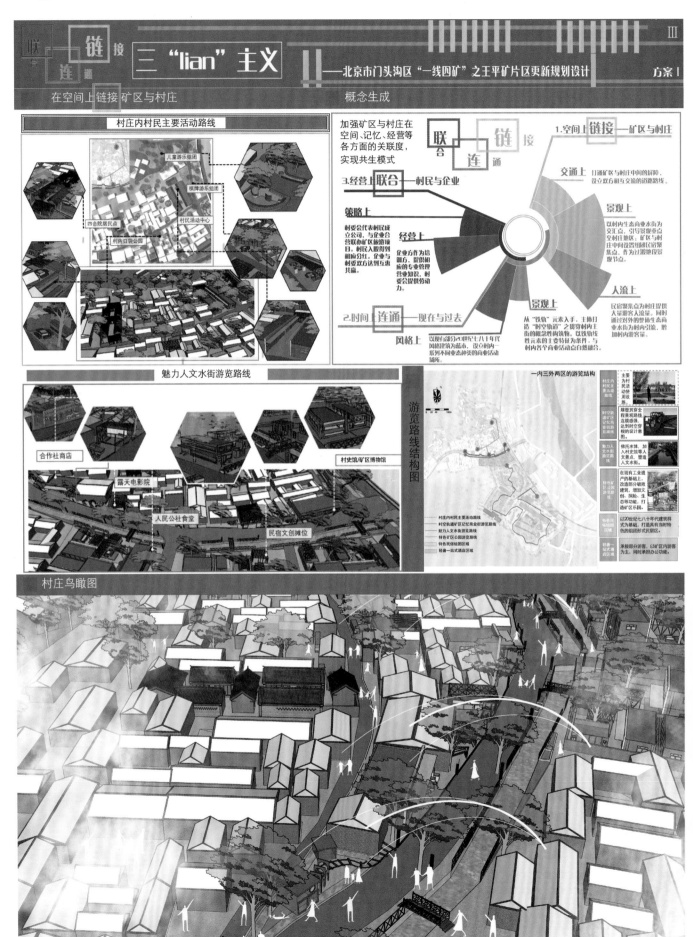

三 "lian" 主义

——北京市门头沟区"一线四矿"之王平矿片区更新规划设计

方案II

矿区鸟瞰图

在现有工业遗产的基础上，改造部分破败建筑，增加文创、探险、生态等功能，打造矿区乐园。

整个矿区乐园以青年人为主要目标人群。

园区分为三大功能区，分别为户外极限运动体验区、轻奢生态酒店休闲区、矿区生态景观体验游览区。

一、在空间上链接 矿区与村庄

矿区特色工业游览路线

极限运动俱乐部
王平站站点
生态休闲氧吧
矿区廊道湿地景观点
多功能业态平台
矿区创意集市
矿区生态工业群
室内多功能会展中心
创意连廊

二、在时间上连通 现在与过去

时空轨道矿区记忆商业街游览路线

以时空轨道雕塑贯穿村内整体游览路线，一方面，使整体路线具有连贯性、整体感；另一方面，将带有时代感的铁轨元素加入各个景观中，与不同商业业态相互融合，从而通过时代记忆与具象空间要素，**在时间上连通过去和现在。**

时空轨道结尾广场
露天电影院
游客服务中心
矿工酒吧
矿工记忆小馆

特色建筑小品设计

露天影院护栏及绿植
路灯
小桥
广场雕塑

建筑立面设计

联连 链接 三 "lian" 主义 —北京市门头沟区"一线四矿"之王平矿片区更新规划设计 方案 Ⅲ

规划图

对外交通
1. 打通矿区与村庄之间的交通
在现有道路的基础上，将民宿区域和村庄及矿区之间的交通打通，增加多条村庄支路。
2. 在不同位置设置停车场，提高出游便利性
为景区增加以自驾游为出行方式的私家车停车场。

人流交通
1. 村内人流路线
北侧以村民为主要活动人群，南侧为商业街，游客与村民相互交流，共同使用。
2. 矿区公园人流路线
三组团各自成环，同时相互连接。矿区与村庄也通过民宿区相连。

三 在经营上联合 村民与企业

企业方为村民提供就业岗位，让村民在家门口上班；村庄为企业提供便利劳动力和当地的特色矿区资源。

生态修复

矿区曾因煤矿开采造成生态问题，先将部分破坏严重地区改造为生态景观区域，设置雨水花园或生态岸线。一方面能增加绿地覆盖率，另一方面用植被对生态破坏区域进行修复。

北方工业大学

○ 宿游从道·三触三生——触媒理论视角下的王平村规划设计

○ 以道为脉，驿促三生——王平村·京西"新古道"商业驿站村规划

○ 驿站焕活·繁华延续——以驿站重生为导向的京西传统村落振兴计划

宿游从道·三觞三生

——触媒理论视角下的王平村规划设计

设计说明

设计地段位于北京市门头沟区王平镇王平村，结合乡村振兴战略背景与京西"一线四矿"及周边区域协同发展规划，以触媒理论为指导，分别以"一触·激发""二触·缝合""三触·链接"的"三触"策略对乡村"三生"空间布局进行优化，并针对特色轨道交通线路体系提出了优化建议，意将王平村打造成为一个以京西道矿文化为依托、综合集散服务为功能的特色文旅示范村，建设看得见山、望得见水、游有所得、居有所乐、贤有所归的美丽乡村。

指导教师

梁玮男
北方工业大学建筑与艺术学院
城乡规划系主任、副教授

李　婧
北方工业大学建筑与艺术学院
建筑系讲师、副教授

任雪冰
北方工业大学建筑与艺术学院
城乡规划系讲师

□教师感言-梁玮男

疫情之下的日子总是过得飞快。不经意间，"京内高校美丽乡村有机更新"联合毕业设计已进入第二个年头：从密云的长城脚下，转至京西的古道深处，变化的是美丽乡村的规划选址，不变的是师生一如既往的乡村情怀与乡建热忱。

传统村落的保护与发展，路在何方？乡村有机更新未尝不是一种方向，然而，何为"有机"？何为"乡村更新"？规划方案如何落地实施？乡村是城里人的乡愁承载之地，还是村民的安居之所？诸多问题无疑值得师生认真求索。乡村振兴，道远且长。

小组成员

田惟怡

□学生感言-田惟怡

历时数月，回望历程，联合毕业设计之路给我带来了满满的成长与收获。毕业设计给予我们一个进行学术交流的平台和展示自我的机会，在这里我们开阔了视野，认识了优秀的老师和同学，学习了许多优秀的方案，也得到了认识和提升自我难得的机会。在此感谢三位老师对我们的悉心指导与关照，传授我们专业知识，让我们认识到我国乡村的无限可能。这是我第一次作为小组长，组织组员完成乡村规划设计，从面对疫情的调研到方案的反复推敲与成果制作，无不充满了困难与挑战，很感谢我的两位同伴，大家互相鼓励，共同走过难关，收获了美好而又特别的回忆。求学之路漫漫，吾将上下而求索。要想成为合格的规划师，还需千锤百炼，不忘初心，砥砺前行。

□学生感言-王欣彤

历时一学期终于完成了本次联合毕业设计任务，这段充满奋斗、矛盾、调节、融合、创新的历程，带给我学生生涯许多激情与收获。曾为村庄发展方向开展争论，也曾彻夜挑灯赶图，还曾互相督促催赶进度，遇到无数困难与障碍，但都在我们小组成员的互帮互助和老师的耐心指导下成功克服。这段宝贵经历中，每一个步骤都让我所获颇多，受益匪浅。

感谢这次联合毕业设计的主办方提供一个让我们开拓眼界、互相学习的机会；也感谢我们的三位指导老师，百忙之中和我们耐心沟通、对我们悉心指导；最后感谢我的小组成员们，共同努力奋斗，不断磨合，在合作中包容对方，彼此都获得了成长。

王欣彤

游瑞萱

□学生感言-游瑞萱

这次联合毕业设计，让我更加全面且深刻地了解了乡村规划设计。通过一次次的线上和线下调研和方案讨论，我在设计中的每一方面都有了不小的提升。这次乡村规划设计以乡村振兴为背景，依托京西古道和永定河，在"一线四矿"的重要节点——王平村进行乡村规划设计。我们组运用触媒理论把乡村缝合起来，通过一个核心站点和四个功能片区来改善村民生活质量、修复生态体系和焕活文化空间，最终实现乡村振兴和推动乡村绿色高质量连片发展的目标。

感谢老师和我的组员让我进步和成长，这次乡村规划设计让我能够更好地去体验乡村、了解乡村和感受乡村。乡村规划的工作需要平衡各层次的要素，而未来的乡村建设更需要规划师勇担责任，漫漫求索。

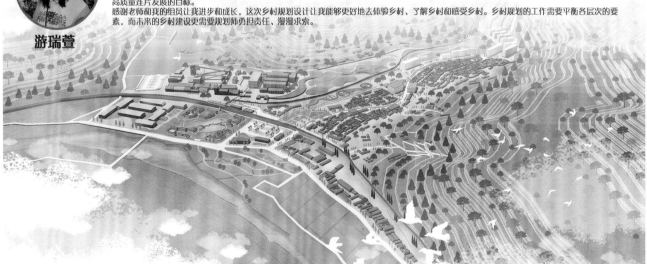

宿游从道·三触三生
——触媒理论视角下的王平村规划设计

▌背景研究

区位分析

王平村距离城区较近，属近郊村，周边旅游资源丰富，且位于"一线四矿"旅游线路中段位置，为日后发展承东启西的重要节点。

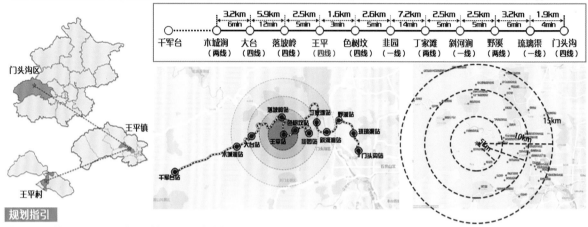

规划指引

京西"一线四矿"及周边区域协同发展规划

一线·两核 两心·八点

一线：门头沟-千军台41千米铁路线
两核：门头沟站、王平站
两心：斜河涧站、木城涧站
八点：其它特色主题点站

| 运动健康拓展区 | 矿业转型示范区 | 乡村振兴实验区 | 城市功能发展区 |

功能定位	目标定位
打造京西转型发展引爆点	生态复育　产业复活
	乡村复苏　文化复兴
打造一站一景特色风貌站	主要目标
打造青山绿水流动民宿区	推动区域绿色高质量发展
打造文旅康养建设休闲区	加快京西矿区整体产业转型

上位规划

《北京城市总体规划（2016年—2035年）》
门头沟作为首都重要的生态涵养区，需坚持生态优先、绿色发展，保护历史文化遗产。

《门头沟分区规划（国土空间规划）（2017年—2035年）》
门头沟区是京西重点生态涵养区，贯彻总体规划，建设首都西部重点生态保育及区域生态治理协作区。

《北京市门头沟区王平镇国土空间规划（2020年—2035年）》
构建"一带、三区、多点"镇域空间结构；
构建山清水秀、林田交融生态格局；
塑山水谷地风貌、展京西文化精髓；
目标定位：休闲运动小镇、生态宜居小镇、京西文化小镇。

《门头沟区王平镇东王平村美丽乡村规划》
《门头沟区王平镇西王平村美丽乡村规划》

尊重村民意愿，实现多方协作
强化多规协调，落实一线两区
集约节约资源，落实用地减量
结合改革政策，注重规划实施

场地概况

王平村背山面水，村落历史悠久，自古为兵家必争之地。
王平村人口基数较大，村内居民多为矿区退休矿工。

·王平村基本数据

	东王平村	西王平村	规划地块	王平矿区
总户数／户	220	147		
人口／人	645	375		
地域面积／km²	2.49	2.34	0.876	0.17
林地／hm²	209.63	6.33		
耕地／hm²	6.67	7.53		

东、西王平村以宏源商店为分界点。

宿游从道·三触三生

——触媒理论视角下的王平村规划设计

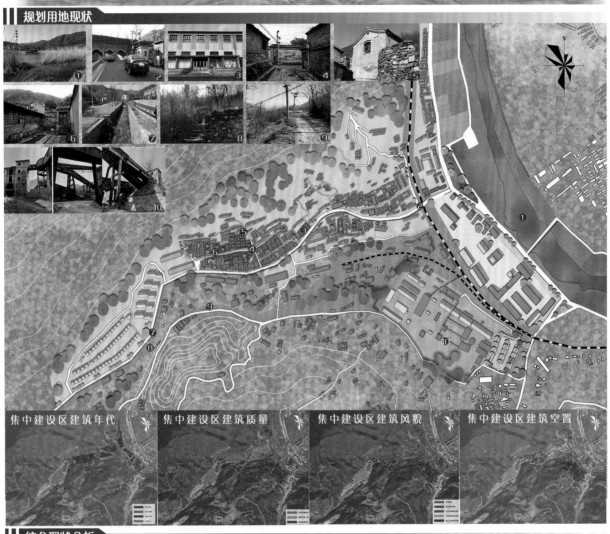

规划用地现状

集中建设区建筑年代　**集中建设区建筑质量**　**集中建设区建筑风貌**　**集中建设区建筑空置**

综合现状分析

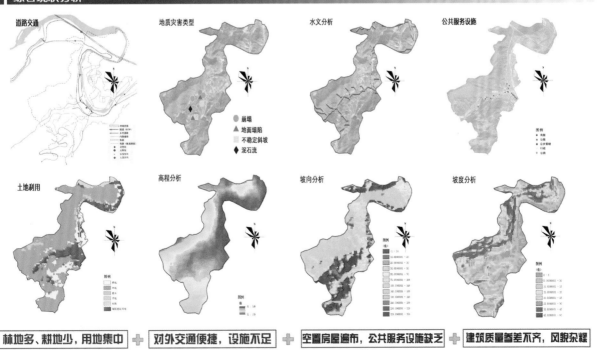

道路交通　　地质灾害类型　　水文分析　　公共服务设施

● 崩塌
▲ 地面塌陷
■ 不稳定斜坡
◆ 泥石流

土地利用　　高程分析　　坡向分析　　坡度分析

林地多、耕地少，用地集中 ＋ **对外交通便捷，设施不足** ＋ **空置房屋遍布，公共服务设施缺乏** ＋ **建筑质量参差不齐，风貌杂糅**

宿游从道·三触三生

—— 触媒理论视角下的王平村规划设计

现状分析

历史沿革

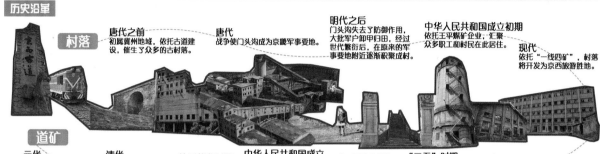

村落

- **唐代之前** 初属冀州地域，依托古道建设，催生了众多的古村落。
- **唐代** 战争使门头沟成为京畿军事要地。
- **明代之后** 门头沟失去了防御作用，大批军户卸甲归田，经过世代繁衍后，在原来的军事要地附近逐渐积聚成村。
- **中华人民共和国成立初期** 依托王平煤矿企业，汇聚众多职工和村民在此居住。
- **现代** 依托"一线四矿"，村落将开发为京西旅游胜地。

道矿

- **元代** 北京西山地区是当时全国较大的煤炭发生产基地，逐渐形成商旅道路。
- **清代** 为便于煤矿开采和运输，大修运煤道路，京门铁路大台线建成。
- **抗日战争时期** 战事动荡，大部分矿窑被迫关闭。
- **中华人民共和国成立初期** 设立采矿处，成立平西煤矿公司，改革采煤方法。
- **"一五"时期** 京西矿务局成为北京煤炭工业的主体。
- **"二五"时期** 京西矿务局进入当时全国十大矿务局之列。
- **1985年** 从单纯生产型向生产经营型转变。
- **1994年** 国家实施优质煤战略，王平矿停产。

资源挖掘

山 - 丰富山地资源，旅游运动圣地
村 - 周边村落连片，辐射带动显著
道 - 两条古道汇集，两条铁路穿村
矿 - 王平工矿遗产，优质煤矿产地
河 - 生态永定河系，人文文化孕育

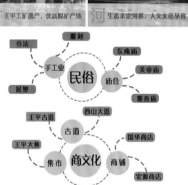

民俗 — 雕刻、书法、手工业、东庵庙、关帝庙、庙会、观音庙、泥塑

古道 — 王平古道、西山大道、国华商店、王平大集、集市、商文化、商铺、宏源商店

经济现状

2021年王平镇各村集体总收入

	安家庄村	吕家坡村	西王平村	东王平村	南涧村	河北村	色树坟村	西石古岩村	东石古岩村	西马各庄村	东马各庄村	南港村	韭园村
总收入/万元	236.8	117.3	191.7	121	101.1	103.2	89	71.9	44.1	137.9	82.7	29.1	266.4

2021年王平村集体经济总收入312.7万元，居民年人均所得约3066元，整体收入低。

产业现状

一产	二产	三产
特色林果业私人承包，耕地困难 耕种**产业待振兴**	1994年王平矿停产，职工遣散 矿区**产业待转型**	布局分散不成体系，功能单一 服务**产业待升级**

村民人口年龄构成

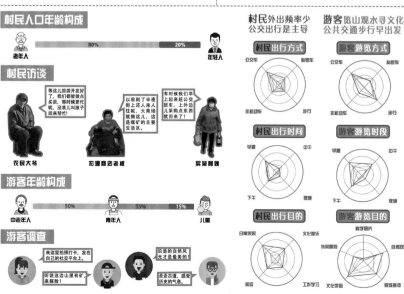

老年人 80% ／ 年轻人 20%

村民访谈

- 等这儿旅游开发好了，我们都能做点买卖，那时候更忙呢，没准儿叫孩子回来帮忙！ — 农民大爷
- 以前到了半夜街上还上来人住呢，大商场就搬这儿，这是煤矿的主要生活区！ — 宏源商店老板
- 有时候我们早上起来赶公交班车，上坡边儿儿采购点东西就回来了！ — 买菜阿姨

游客年龄构成

中老年人 50% ／ 青年人 35% ／ 儿童 15%

游客调查

- 来这里拍照打卡，发在自己的社交平台上。
- 听说这边山里有矿，来探险！
- 沿途的自然风光才是最美的。
- 走走古道，感受历史的气息。

村民出行方式 / 游客游览方式

公交车、电瓶车、步行、非机动车

村民出行时间 / 游客游览时段

早晨、中午、下午、夜晚

村民出行目的 / 游客游览目的

日常贸易、文化娱乐、镇域通勤、科学研究、自然观光、工作学习、文化体验、锻炼身体

优势条件

区位条件：近郊山村，通达性高
距离城区较近，周边旅游资源与交通资源丰富

文化资源：古道古河，工业遗址
京西古道重要商道，有着工业采矿遗址背景，位于永定河文化带上

生态环境：格局优良，资源丰富
山水环境格局，生态本底良好，生态资源丰富

现状问题

生态环境：河道断流存蓄难，矿山裸露环境差
水浊游积，杂草丛生，山体脆弱，有雨洪灾害等隐患，山水待修复

产业经济：村内无主导产业，资源挖掘不充分
人口流失，村内人口老龄化+空心化，一产困难，二产关停，三产滞后

村居生活：公共空间仍缺乏，风貌特色不突出
基础设施不足，交往空间匮乏，建筑质量参差不齐，建筑风貌紊乱，特色未显

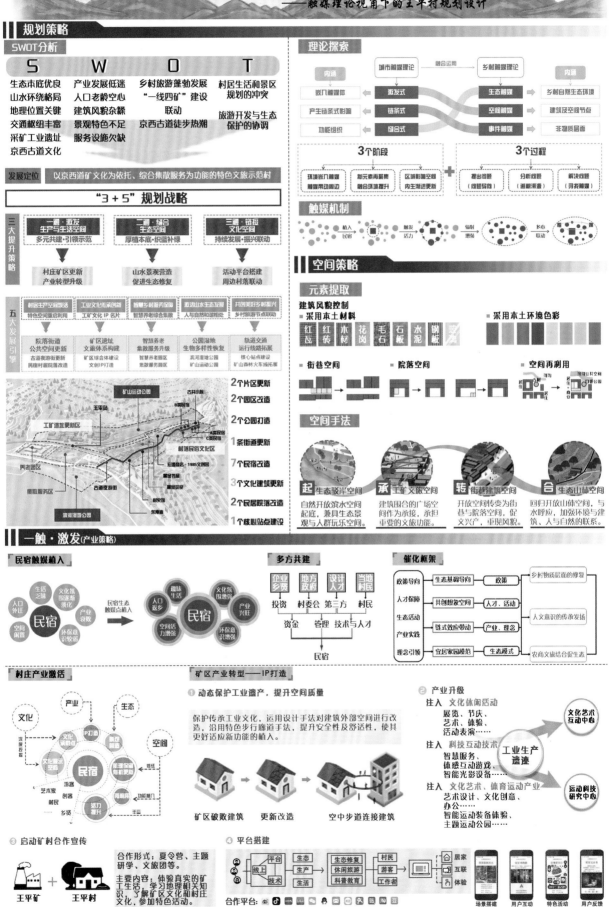

宿游从道·三触三生
——触媒理论视角下的王平村规划设计

▌规划策略

SWOT分析

S W O T

S	W	O	T
生态本底优良	产业发展低迷	乡村旅游蓬勃发展	村居生活和景区规划的冲突
山水环境格局	人口老龄空心	"一线四矿"建设联动	旅游开发与生态保护的协调
地理位置关键	建筑风貌杂糅	京西古道徒步热潮	
交通枢纽丰富	景观特色不足		
采矿工业遗址	服务设施欠缺		
京西古道文化			

发展定位 以京西道矿文化为依托、综合集散服务为功能的特色文旅示范村

"3+5"规划战略

三大提升策略

一触·激发 生产与生活空间 多元共建·引领示范	二触·综合 生态空间 厚植本底·织蓝补绿	三触·催发 文化空间 持续发展·振兴联动
村庄矿区更新 产业转型升级	山水景观营造 促进生态修复	活动平台搭建 周边村落联动

五大发展引擎

村居生产空间激活 特色空间重启利用	工业文化传承创新 工矿文化IP名片	智慧乡村服务升级 智慧养老综合集散	滨溪山水生态发展 人与自然和谐相处	共创美好乡村振兴 乡村旅游节点联动
院落街道 公共空间更新 古道夜游街更新 民宿村居院落改造	矿区遗址 文化体系构建 矿区综合体建设 文创IP打造	智慧养老 集散服务升级 智慧养老圈建 集散服务圈落	公园湿地 生物多样性恢复 滨河湿地公园 矿山运动公园	轨道交通 运行线路拓展 核心站点建设 矿山森林火车线拓展

2个片区更新
2个园区改造
2个公园打造
1条街道更新
7个民宿改造
3个文化建筑更新
2个民居院落改造
1个核心站点建设

理论探索

城市触媒理论	融合运用	乡村触媒理论

3个阶段 + **3个过程**

触媒机制

▌空间策略

元素提取

建筑风貌控制
■采用本土材料

| 红瓦 | 红砖 | 木材 | 花岗 | 毛石 | 石板 | 水泥 | 钢板 | 玻璃 |

■采用本土环境色彩

■街巷空间 **■院落空间** **■空间再利用**

空间手法

起 生态驳岸空间	承 工矿文旅空间	转 街巷建筑空间	合 生态山林空间
自然开放滨水空间起底，兼具生态景观与人群玩乐空间。	建筑围合的广场空间作为承接，承担重要的文旅功能。	开敞空间转变为街巷与院落空间，促文兴产，重现风貌。	回归开放山体空间，与水呼应，加强环境与建筑、人与自然的联系。

▌一触·激发(产业策略)

民宿触媒植入

民宿生态触媒点组入

多方共建

企业乡贤	地方政府	设计人才	当地村民
投资	村委会	第三方	村民
资金	管理	技术与人才	

民宿

催化框架

政策导向	生态基调导向	政策	乡村物质层面的修复
人才保障	共创想象空间	人才、活动	
生态活动	链式效应带动	产业、理念	人文意识的传承发扬
产业实践	宜居家园模范	生态模式	农商文旅结合促生态
理念引领			

村庄产业激活

矿区产业转型——IP打造

❶ 动态保护工业遗产，提升空间质量

保护传承工业文化，运用设计手法对建筑外部空间进行改造，沿用特色步行廊道手法，提升安全性及舒适性，使其更好适应新功能的植入。

矿区破败建筑 → 更新改造 → 空中步道连接建筑

❷ 产业升级

注入 文化休闲活动
展览、节庆、艺术、体验、活动表演……

注入 科技互动技术
智慧服务、体感互动游戏、智能光影设备……

注入 文化艺术、体育运动产业
艺术设计、文化创意、办公……
智能运动装备体验、主题运动公园……

工业生产遗迹 → 文化艺术互动中心
工业生产遗迹 → 运动科技研究中心

❸ 启动矿村合作宣传

合作形式：夏令营、主题研学、文旅团等。

主要内容：体验真实的矿工生活，学习地理相关知识，了解矿区文化和村庄文化，参加特色活动。

王平矿 + 王平村

❹ 平台搭建

合作平台：

| 场景搭建 | 用户互动 | 特色活动 | 用户反馈 |

宿游从道·三触三生
—— 触媒理论视角下的王平村规划设计

一触·激发（村民生活变更）

村民角色更新

村民生活丰富

- 休闲运动场健身
- 盘山步道散步
- 王平食堂就餐
- 黑金茶室休憩
- 口述史小院聊天
- 集市采购

二触·缝合（生态策略）

矿山修复项目

- 采空山体 植被覆盖率低 生物多样性较破坏
- 地表植被恢复 种植固土植被
- 生物多样性恢复 促进生态圈形成
- 科普研究功能植入

乔木　灌木　草本

榆树　朴树　榉树　石楠　黄杨　海桐　花叶蒲苇　花叶芒　细叶芒　银穗芒

鲤鱼
鲫鱼
黑鱼
白条鱼

"共享生态"项目

村民和游客通过户外运动、绿色出行、在地消费等方式
兑换积分，累计积分可参与共享生态项目，认养树苗。

生态浮动湿地

- 植物吸引并维持昆虫种群
- 植物和昆虫吸引鸟类
- 表面提供野生动物栖息地
- 植物可营造美丽的景观效果
- 水位线
- 水位线
- 浮动湿地物质与根系系统为有益微生物的繁殖议以及从水中吸收污染物提供了宝贵面积
- 浮动湿地树荫与根系利于鱼类生长
- 根系通过水培从水中分离出有问题的营养物

湿地 5%
湿地 15%
多年生组合草地 15%
高山草地 30%
连续灌木丛 10%

高　低
第一年　第二年　第三年　第四年　第五年

缓冲林　灌木　湿地　河道　湿地

三触·链接（文化空间）

- 民宿体验日
- 月度集市
- 文化体验季
- 年度庙会
- 古道徒步群
- 研学交流团

商业文化　　民俗文化　　道矿文化

鸟瞰图

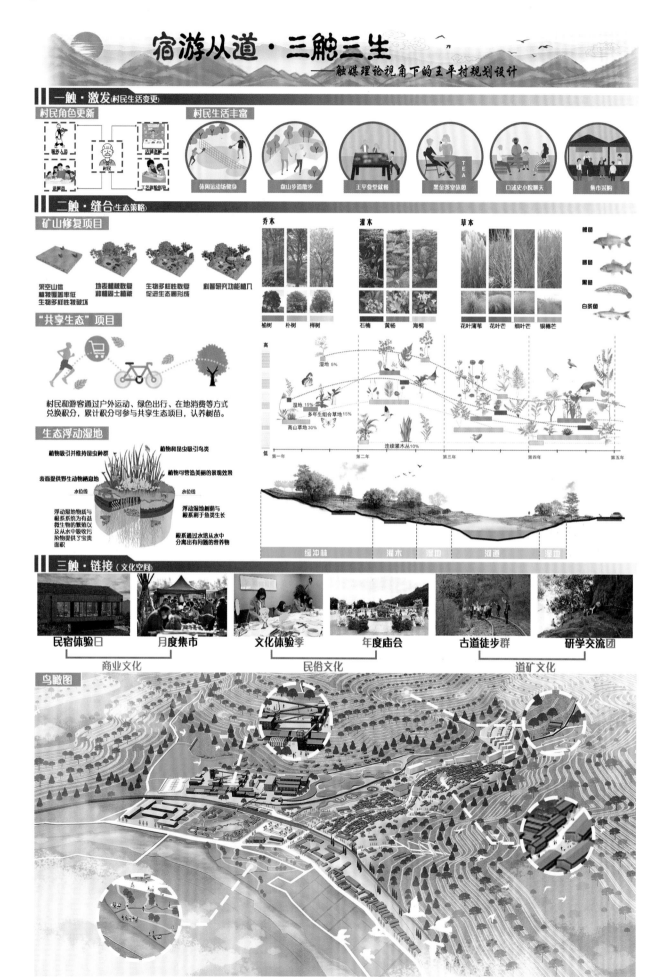

宿游从道 · 三触三生

—— 触媒理论视角下的王平村规划设计

整体规划

总平面图

图例

① 工业文化综合体
② 矿山小火车站台
③ 大台线王平站
④ 矿区停车场
⑤ 智慧养老公寓
⑥ 综合商业
⑦ 集散服务中心

⑧ 永定河湿地公园
⑨ 村落协同研究基地
⑩ 村庄入口广场·游客接待
⑪ 应急管理中心
⑫ 东庵庙·东王平村委会
⑬ 8号院村史馆
⑭ 黑金茶室

⑮ 黑金书屋
⑯ 休闲运动场
⑰ 山地公园
⑱ 月度集市
⑲ 宏源商店·1985文创园
⑳ 时代咖啡厅
㉑ 王平食堂

㉒ 王平旅馆
㉓ 王锦龙大院
㉔ 星晨饭店
㉕ 古道夜游街
㉖ 民宿区
㉗ 古井小院·西王平村委会
㉘ 国华商店

㉙ 王平酒馆
㉚ 盘山步道
㉛ "共享生态"基地

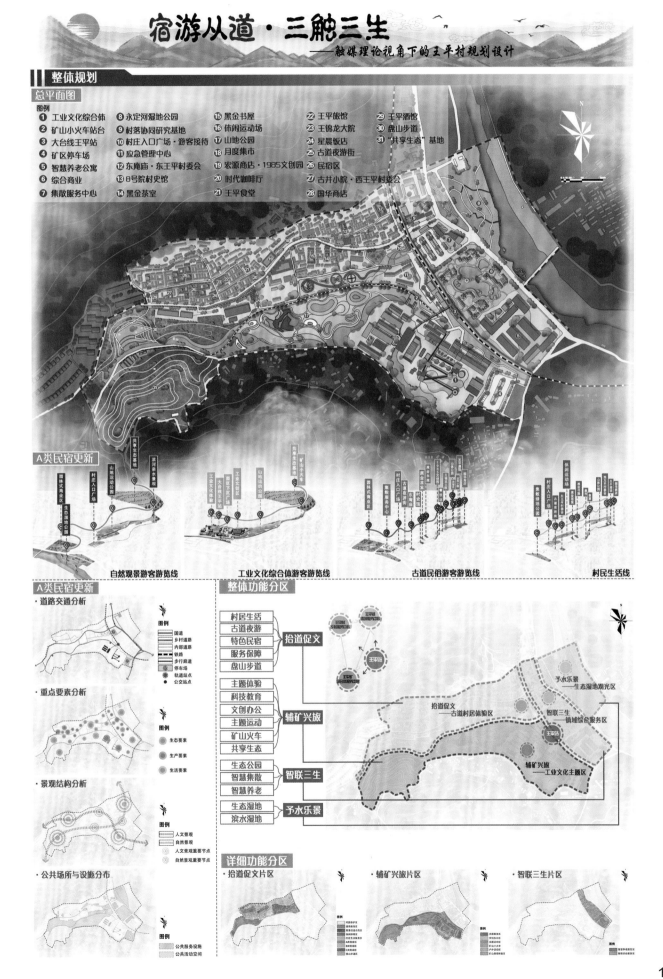

A类民宿更新

自然观景游客游览线　　工业文化综合体游客游览线　　古道民俗游客游览线　　村民生活线

A类民宿更新

· 道路交通分析

图例
国道
乡村道路
内部道路
铁路
步行廊道
停车场
轨道站点
公交站点

· 重点要素分析

图例
生态要素
生产要素
生活要素

· 景观结构分析

图例
人文景观
自然景观
人文景观重要节点
自然景观重要节点

· 公共场所与设施分布

图例
公共服务设施
公共活动空间

整体功能分区

村居生活
古道夜游
特色民宿
服务保障
盘山步道
｝拾道促文

主题体验
科技教育
文创办公
主题运动
矿山火车
共享生态
｝辅矿兴旅

生态公园
智慧集散
智慧养老
｝智联三生

生态湿地
滨水湿地
｝予水乐景

拾道促文
——古道村居体验区

予水乐景
——生态湿地观光区

智联三生
——镇域综合服务区

辅矿兴旅
——工业文化主题区

详细功能分区

· 拾道促文片区　　· 辅矿兴旅片区　　· 智联三生片区

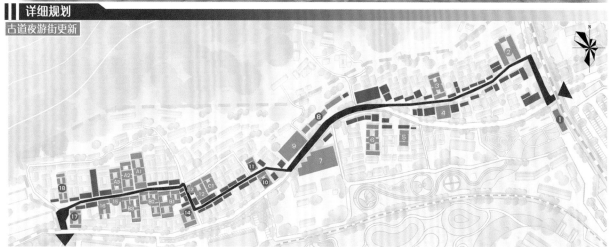

宿游从道·三触三生
——触媒理论视角下的王平村规划设计

▌▌详细规划
古道夜游街更新

图例

━━ 古道夜游街

① 接待服务点
② 东庵庙&东王平村委会
③ 村史馆
④ 文娱中心
⑤ 黑金茶室
⑥ 黑金书屋

⑦ 党建中心
⑧ 集市
⑨ 宏源商店·1985文创园
⑩ 王平食堂
⑪ 特色餐馆
⑫ 王锦龙大院

⑬ 文化墙
⑭ 星晨饭店
⑮ 革命墙
⑯ 古井小院&西王平村委会
⑰ 酒馆
⑱ 国华商店

Ⓐ1 优质民宿A1
Ⓐ2 优质民宿A2
Ⓐ3 优质民宿A3
Ⓑ1 民宿+手工艺小院
Ⓑ2 民宿+复古游戏小院
Ⓑ3 民宿+口述史小院
Ⓒ1 王平旅馆

场景效果图

❶ 运用多种灯光形式，丰富街道夜景灯光效果。

❷ 街面采用村中回收的古石板材，重塑古道氛围。

❸ 两侧空旷区域设计为雨水花园微空间。

▌▌详细规划——民宿院落改造
A类民宿更新

可再生玻璃窗
回收木料加工
回收瓦顶
采光屋顶
老屋原有灰砖再砌

透视图　建筑立面　建筑平面

A类民宿效果图

建筑材料

■ 采用本土材料
红衣灰砖木材毛石石板青石水泥回收

■ 采用本土环境颜色

A类民宿特点

民宿+服务
优质服务经营型

以高品质住宿、优质服务和高效率为主，逐步实现精致化、豪华化、高价化、高服务化

目标人群　追求民宿品质，享受家庭休闲度假

院落生成

现状提取
基底整合
建筑细化
院落改造
功能植入

宿游从道·三触三生

—— 触媒理论视角下的王平村规划设计

详细规划--民宿院落改造

B类民宿更新

原有瓦顶翻新
木制框架更新
老屋基地加固
原有墙体保留

建筑平面　建筑立面　透视图

B类民宿效果图

建筑风貌控制

■ 采用本土材料
红瓦　灰砖　木材　石板　水泥　夯土

■ 采用本土环境颜色

B类民宿特点

民宿+文化
艺术文化体验型

由经营者带领宿客体验当地民俗艺术工艺，进行课程教学，如制作手工艺品、讲述口述史、烹饪特色餐饮、开展游戏活动等

目标人群　　热衷民俗文化、艺术创作交流

组团生成

现状提取
基底整合
庭院改造
功能植入

C类民宿更新

传统屋顶翻新
木制框架更新
玻璃连廊
原有灰砖保留
红瓦再利用

建筑平面　建筑立面　透视图

建筑风貌控制

■ 采用本土材料
红瓦　灰砖　木材　毛石　石板　夯土

■ 采用本土环境颜色

B类民宿特点

民宿+农业
村居生活体验型

体验村居生活，沉浸式体验村民生活日常，提供农业生产或生态保护等方面的体验或教学活动

目标人群　　乐于劳作，有复古怀旧情怀

C类民宿——王平旅馆效果图

庭间菜园

农家活动

详细规划——其他建筑节点改造

东庵庙遗址&东王平村委会
建筑平面　建筑立面　轴测图

8号院改造——王平村村史馆
建筑平面　建筑立面　轴测图

王平食堂
建筑平面　建筑立面　轴测图

黑金茶室
建筑平面　建筑立面　轴测图

黑金书屋
建筑平面　建筑立面　轴测图

王平酒馆
建筑平面　建筑立面　轴测图

宿游从道·三触三生
—— 触媒理论视角下的王平村规划设计

详细规划——智慧养老园区

智慧养老模式

智慧养老社区采用家庭、社区、机构三位一体的模式，通过智能设备、智能家居及智能设备，联动医院、药店、养老机构、家政公司及旅游企业等不同机构，保障社区内老年人的生活服务和安全健康，并提供一定情感服务，满足老年人的心理归属感需求，提高其对于养老社区的满意度，打造生活化、健康化的智慧养老社区。

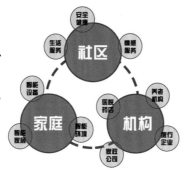

智慧建设

改造方法

1.保留现状建筑
养老园区建筑质量良好，予以保留。

2.植入智慧功能
对于公共建筑，植入智慧化新功能。

3.景观空间塑造
营造良好景观以及开放的公共空间。

节点效果图

详细规划——集散服务区

选址缘起

1.位置优越
选址位于王平村入口处，地理位置优越，是游客进村的必经之地。

2.交通便捷
选址紧邻G109国道、王吕路以及铁道，与公交站点距离近。

3.建筑杂乱
建筑肌理感不强，功能混乱，且缺乏当地风貌特色，可以进行改建。

智慧建设

街道互动地图利用大数据手段，多平台融合，精准收集王平村区域各处人流信息、交通信息以及活动信息等，以便控制引导人流。

建设流程

1.建筑整合
在原场地上保留部分建筑肌理，整合形成建筑组团，建筑风貌与村庄风貌相一致。

2.植入功能
植入建筑功能，形成商业服务中心和集散服务中心。

3.场地设计
营造园林式商业服务中心，设置中心水景，打造自然景观。

4.景观营造
种植不同种类树市，湖内设置微型悬浮岛，提高生态涵养作用，打造园林式商业中心。

节点效果图

详细规划——湿地&矿山公园

水位线恢复

永定河河道水位线恢复
河道内设置悬浮湿地，河道旁种植树市，促进水源涵养。

王平沟水位线恢复
通引永定河水渠，设置亲水平台，激活村内河道。

滨水生态景观塑造

①植入多树种，丰富景观效果，提升生物多样性。

②永定河湿地景观建设有助于防洪和调节水质。

③亲水平台利于人群更好地亲近自然，获得优良观景视角。

④村内河道滨水空间营造，丰富村庄空间形态，促进活动开展。

滨水生态景观塑造

利用地形高差设置生态坡地、阶梯绿地以及运动跑道。在生态修复的同时植入多样化景观，围合营造不同私密程度的公共空间，便于村民和游客运动健身、交流休憩，开展丰富活动。

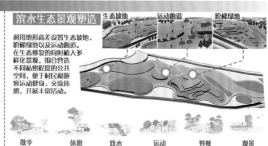

散步　休憩　戏水　运动　野餐　观景

宿游从道·三觥三生
——触媒理论视角下的王平村规划设计

详细规划——工矿遗址更新区

矿区夜景鸟瞰图

节点效果图

建筑功能

① 工业展览　② 科技馆　③ 主题商业区

④ 游客接待中心　⑤ 文创展览馆　⑥ 办公区

人群活动

户外运动　户外游憩　下沉广场　交往空间

音乐节　休憩互动　室外影屏　下沉广场

详细规划——大台线王平站点

王平站站点建设

1. 现存老旧站台改造
对于现存老旧站台进行更新改造，保留其历史价值以及特色。

2. 增设玻璃站棚
在铁道站前路段增设玻璃站棚，增加安全性及观赏性。

3. 设置架空步行廊道
站台两侧设置架空步行廊道，通向矿区及商业服务中心。

详细规划——村落协同发展规划

矿山森林小火车游线拓展

复原王平村山路段小火车游线，拟在安家滩村、王平口村、瓜草地村、平地村四个村庄设置轨道站点，线路途经王平村周边多个村落，最终往市城涧、潭柘寺方向延伸。逐渐发展以大台线线路为主、矿山森林小火车休闲游线为辅的特色轨道交通体系，联动周边村落旅游发展，带动周边村落共同振兴。

规划愿景

夯实基础　前期

多面提升　中期

联动发展　后期

看得见山　望得见水　游有所得　居有所乐　贤有所归

以道为脉，驿促三生

—— 王平村·京西"新古道"商业驿站村规划

设计说明

以复兴道文化为核心，突出王平村的道空间特质，激活铁道、古道、水道功能，以规划手段联动生产、生活、生态，通过以道兴业、倚道宜居、依道引绿、忆道思归等方式复兴王平村，打造一个京西古道上的文化村、丰沙铁道上的驿站村、永定河道上的生态村，共造一个"以道为脉，驿促三生"的文化驿站特色村。

指导教师

北方工业大学建筑与艺术学院：梁玮男　李婧　任雪冰

教师感言

李婧：

2022年春天，第二届"京西高校美丽乡村有机更新"联合毕业设计拉开帷幕。在门头沟入选住房和城乡建设部"2022年传统村落集中连片保护利用示范县（市、区）名单"的喜讯传来之际，北京乡村建设的高光闪现在京西，这里聚焦了更多的社会关注。我们学校也在京西，这让我们对京西有着不一样的情感和了解。这次的联合毕业设计，师生携手从京西古道出发，在线下用脚丈量，在线上用心感受，共同创造了新一代青年对乡村的构想和思考。2022的春天记载了一个个线上的会议和交流，也记载了同学们一次次对乡村规划的思考与尝试。不同的思想碰撞、不同的设计探索，都在入夏之际的成果中得以体现。

京西古道作为重要的线性文化遗产，其周边村庄如何在保护中发展，如何留住原住民、吸引新住民，如何更好地对传统乡土文化进行传承和利用，都是需要不断思考和研究的问题。设计没有终结，只是一个阶段思考的呈现；乡村的本土文化更需要一代代地传承，高校青年学子肩负着这样的责任——**乡村振兴，薪火传递。**

学生感言

郝文绮：

非常有幸在老师们的指导下完成了这次联合毕业设计，感谢老师们的辛勤指导，感谢小组同伴的合作和努力。从选择王平村到线上调研，再到设计构思，最后到整体的空间规划设计，我对乡村的认知更加深刻，对设计手法的把握更加成熟，也更加意识到未来规划师在乡村振兴中所承担的责任，非常感激老师们和同学们！在这一个学期的时光中，我无愧自己，坦坦荡荡，收获颇丰！

布左拉姑丽·吐尔逊：

首先，在这次联合毕业设计中，我们拓宽了专业视野，看到了自己的不足，在老师们的指导和伙伴们的努力下，我们在摸索中前进，在前进中改变，在改变中历练，最终给大学生涯画上了圆满的句号。

其次，非常荣幸能够接受三位老师的指导。在整个方案设计过程中，老师们对我进行了非常细致的指导，在此感谢老师们对我的帮助和照顾。

以道为脉，驿促三生

——王平村·京西"新古道"商业驿站村规划

规划背景

乡村振兴战略

2017年，党的十九大提出"实施乡村振兴战略"加快推进农业农村现代化，全面推进国家现代化建设

产业兴旺　生态宜居　乡风文明　治理有效　生活富裕

北京市"十四五"时期提升农村人居环境建设美丽乡村行动方案

绿水青山就是金山银山　大城市带动大京郊　大京郊服务大城市

2022年传统村落集中连片保护利用示范县(市、区)名单
北京市门头沟区上榜

上位规划

以户外运动、休闲养生为主导的休闲运动小镇

以京西山水为骨架的生态宜居小镇

以古村古道、生态山水、京西煤业为引领的京西文化小镇

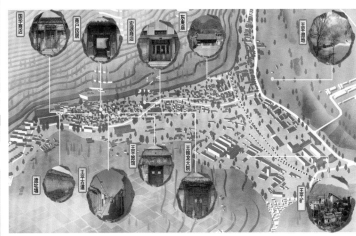

区位分析

王平镇—王平村

北京市—门头沟区

门头沟区—王平镇

1h
40min
20min
门头沟新城
城六区

王平村位于北京市门头沟区王平镇中部，地处北京西山中山区向低山区的过渡地带，到北京市核心区仅需一个小时，是一个典型的近郊型村庄，区位优势明显。

村域分析

■ 现状用地分析图

■ 交通分析图

■ 水文分析图

■ 坡向分析图　　■ 高程分析图　　■ 坡度分析图

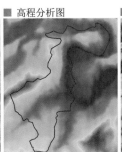

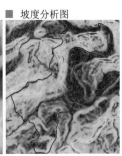

村域分析

■ 周边村落

王平村

现状分析

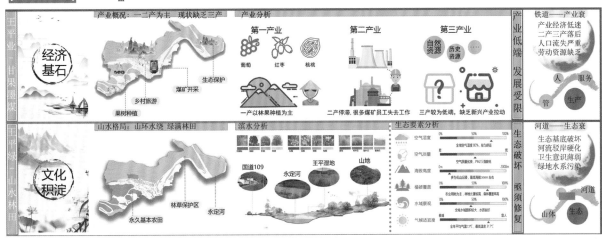

产业概况：一二产为主　现状缺乏三产

产业分析

第一产业　葡萄　红枣　核桃
一产以林果种植为主

第二产业
二产停滞，很多煤矿员工失去工作

第三产业　自然资源　历史资源
三产较为低端，缺乏新兴产业拉动

经济基石

生态保护
乡村旅游
煤矿开采
果树种植

产业低端发展受限

铁道——产业衰
产业经济低迷
二产三产落后
人口流失严重
劳动资源缺乏

人　服务　管　生产

山水格局：山环水绕　绿满林田

滨水分析
国道109　永定河　王平湿地　山地

文化积淀

永久基本农田
林草保护区
永定河

生态要素分析
空气湿度　全域年均湿度80%，较为舒适
空气质量　全年环境质量优，PM2.5指数较低
海拔高度　多为低山地貌，最高海拔3000米左右
植被覆盖　农业用地为主，林地比重30%左右
水域景观　全域水域面积较大，水质较好
气候适宜度　全年平均气温12℃，最高温度37℃

生态破坏亟须修复

河道——生态衰
生态基底破坏
河流驳岸硬化
卫生意识薄弱
绿地水系污染

河道
山体　生态

117

以道为脉，驿促三生

——王平村·京西"新古道"商业驿站村规划

道路交通

由主街王吕路串联村落格局，多条支路形成沿主街分布的密集形态，支路体系破碎。

铁路：丰沙线
主干道：国道109、国道234
次干道：王吕路902乡道、王平大街东路

建筑质量

整体建筑质量一般，环境水平较差，新建筑缺乏特色。
西王平村新村整体建筑质量较好；原先老村大部分民居建筑质量中等；少部分民居无人居住已废弃，院落破败，亟须保护。

公共服务设施

公共服务设施配置及基础设施建设不全，种类少，品质低。
现状公共服务设施为一个文化中心、一个服务中心、两个（东、西王平村）村委会，还有少部分沿街商店。

公共服务设施

村庄具有独特的山水格局，整体景观效果较好，但缺乏治理。
永定河绕村而过，村庄三面环山、一面临田，还保留着很多古树。

以道为脉，驿促三生

—— 王平村·京西 "新古道" 商业驿站村规划

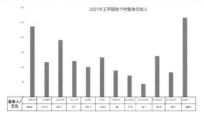

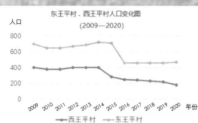

王平村人口较多，但空心率较高，老龄化严重。东王平村有220户、645人，西王平村有147户、375人，总共有367户，1020人。

主题演绎

现状问题总结

生态——缺乏规划，治理不足

生产——产业单一，发展受限

生活——设施匮乏，环境恶化

文化——文化缺失，文明断尽

村庄特点归纳

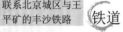

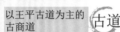

联系北京城区与王平矿的丰沙铁路 **铁道**

以王平古道为主的古商道 **古道**

永定河沿岸的古渡口 **水道**

从铁道、古道、水道的功能特点与空间特质出发。

道

驿

"驿"与生产、生活、生态联动，促进发展

连接北京城区与门头沟区的重要服务片区

连接平原与深山的中间环节

联系京西山水文化资源的文化汇合点

规划目标

以复兴道文化为核心，突出王平村的道空间特质，激活铁道、古道、水道功能，通过规划手段，联动生产、生活、生态

以道兴业

倚道宜居

依道引绿

忆道思归

规划愿景

打造一个

京西古道上的文化村
丰沙铁道上的驿站村
永定河道上的生态村

共造一个

"以道为脉，驿促三生"的文化驿站特色村

发展策略

锁定一个发展愿景

"以道为脉，驿促三生"京西"道"文化驿站服务村

锁定三条发展路径

以道兴业 生产：产业复兴

倚道宜居 生活：品质复兴

依道引绿 生态：环境复兴

明确三个规划重点

矿、道焕活（文化赋能振兴）

乡村更新（人居环境营造）

滨水改善（环境提升改善）

打造五个引擎项目

矿区更新

古道更新

院落更新

广场更新

渡口更新

创新三个实施保障

卫生治理

共治共赢

分期实施

忆道思归

以道为脉，驿促三生

—— 王平村·京西 "新古道" 商业驿站村规划

村庄连片发展

■ 周边村庄

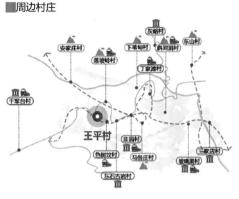

■ 村庄交通连接方式

公路
游客停车场

铁路
铁路站点

步道
徒步休憩点

要素流动——
信息互通，资源共享
空间流动——
统一游线，空间串联

要素聚集——
力量集聚，快速支撑
空间聚集——
特色鲜明，差异引流

通过理清周边村落在空间、交通上的关系，我们提取出公路、铁路、步道三种线路，将现状与规划相结合，合理设置游客停车场、铁路站点及徒步休憩点，使游客可以方便地选取坐大巴车、开私家车、乘火车、骑自行车、徒步等不同的出行方式。

■ 连片村庄旅游路线

亲子研学游

——骑行 ——徒步 ○生态运动节点 ○服务休憩节点 ○古道村落节点

露营、野炊，这里有城市儿童渴望而又难以接触的一切。

古道山野游

——车行 ——铁路 ○生态节点 ○服务节点 ◇文化节点

十里绝美地美景，山中海晨光，让人忘却城市的喧闹。

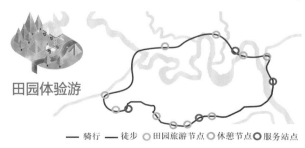

田园体验游

——骑行 ——徒步 ○田园旅游节点 ○休憩节点 ●服务站点

悠然采果，载月荷锄，农事小，闲来品茗，享受田园慵懒的时光。

养生度假游

☑打卡节点 ○生态旅游节点 ◇文化旅游节点

网红打卡、平台推荐、品质乡游等，说走就走，深受城里人喜爱的旅游度假新模式。

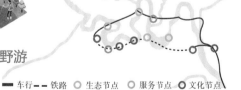

以道为脉，驿促三生

——王平村·京西"新古道"商业驿站村规划

村庄发展策略

以道兴业

■ 古道修复和整理

保留聚落沿古道布局特色
保留沿古道发展生成的现有聚落布局，延续古道生活脉络。

原聚落布局

规划后聚落布局

修旧如旧，拆除随意搭建的构筑物，利用王平村传统元素，恢复历史格局，从而进行院落的空间设计。
根据"一院一方案"的原则，保留传统民居的原外形与原材质。
打造王平村古道文化展览馆，强调村民公众参与且以民生方式管理，唤醒村民的村落归属感，提高村民自治能力。

■ 古道功能植入

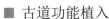

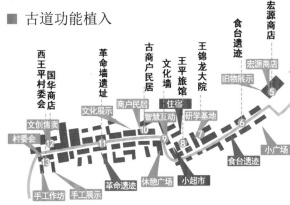

以王平古道作为主要步行交通通道，串联重要空间节点，以此为特点吸引游客与资本，发展第三产业，并由此带动其他产业，促进三产融合。

■ 矿区更新

保留原来的建筑，按植入的功能对建筑外形和材料进行改造，给游客创造舒适的环境。

保留部分原建筑材料，更换新的建筑材料，确保建筑的质量。

矿区内设置景观节点，给游客打造公共活动空间。

对于矿区内的建筑，按植入的功能，对其外立面和屋顶进行改造。

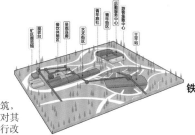

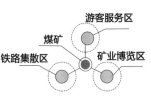

游客服务区
煤矿
铁路集散区
矿业博览区

倚道宜居

■ 街巷整理

肌理重造

沿着古道肌理
贴线建设或拆除

立面统一

沿古道的建筑
对立面梳理整合

层次优化

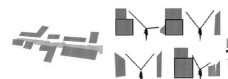

区分道路等级
古道村路有别

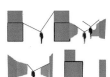

以道为脉，驿促三生

——王平村·京西"新古道"商业驿站村规划

■院落修缮

院落布局

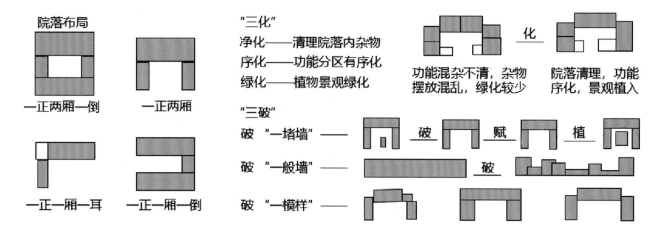

一正两厢一倒　　一正两厢

一正一厢一耳　　一正一厢一倒

"三化"

净化——清理院落内杂物
序化——功能分区有序化
绿化——植物景观绿化

"三破"

破"一堵墙"——
破"一般墙"——
破"一模样"——

化

功能混杂不清，杂物
摆放混乱，绿化较少

院落清理，功能
序化，景观植入

破 赋 植

破

依道引绿

■渡口集市带动

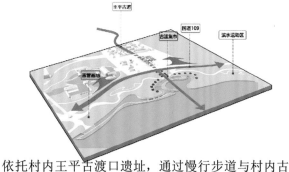

依托村内王平古渡口遗址，通过慢行步道与村内古道相连，引入古渡集市、滨水游乐等相关功能，延伸古道空间内涵，激活古道文化活力。

■滨水河岸设计

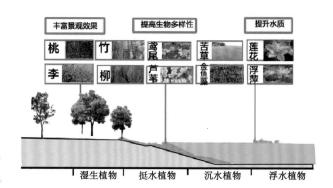

丰富景观效果　提高生物多样性　提升水质

桃　竹　鸢尾　苦草　莲花
李　柳　芦苇　金鱼藻　浮萍

湿生植物　挺水植物　沉水植物　浮水植物

■污水处理流程

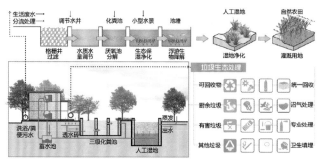

■循环生态构建

稻鱼鸭共生系统

生态可持续　节能减排　绿色无污染

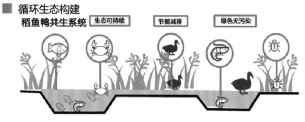

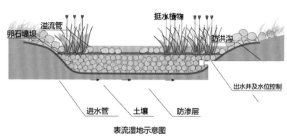

表流湿地示意图

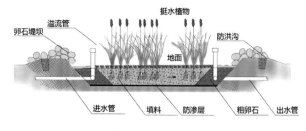

水平潜流型人工湿地示意图

以道为脉，驿促三生

——王平村·京西"新古道"商业驿站村规划

忆道思归

■ 共治共赢

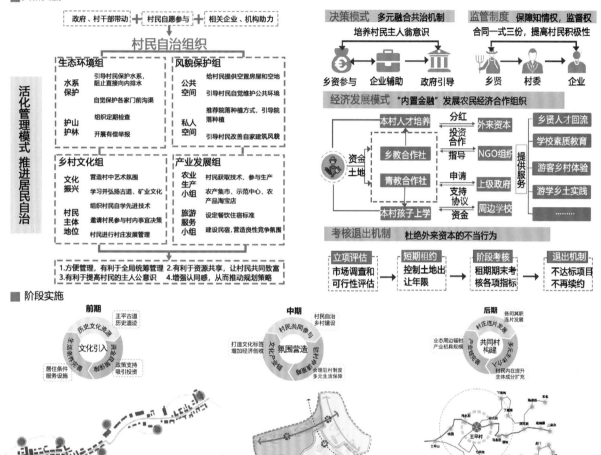

活化管理模式 推进居民自治

政府、村干部带动 + 村民自愿参与 + 相关企业、机构助力

村民自治组织

生态环境组
- 水系保护：引导村民保护水系，阻止直接向内排水；自觉保护各家门前沟渠；组织定期检查；开展有偿举报
- 护山护林

风貌保护组
- 公共空间：给村民提供空置房屋和空地；引导村民自觉维护公共环境；推荐院落种植方式，引导院落种植
- 私人空间：引导村民改善自家建筑风貌

乡村文化组
- 文化振兴：营造村中艺术氛围；学习并弘扬古道、矿业文化
- 村民主体地位：组织村民自学先进技术；邀请村民参与村内事宜决策；村民进行村庄发展管理

产业发展组
- 农业生产小组：村民获取技术、参与生产；农产品集市、示范中心、农产品淘宝店
- 旅游服务小组：设定餐饮住宿标准；建设民宿，营造良性竞争氛围

1.方便管理，有利于全局统筹管理 2.有利于资源共享，让村民共同致富
3.有利于提高村民的主人公意识 4.增强认同感，从而推动规划策略

决策模式 多元融合共治机制
培养村民主人翁意识
乡资参与 → 企业辅助 → 政府引导

监管制度 保障知情权，监督权
合同一式三份，提高村民积极性
乡贤 村委 企业

经济发展模式 "内置金融"发展农民经济合作组织
资金土地 / 本村人才培养 / 乡教合作社 / 青教合作社 / 本村孩子上学
外来资本（分红、投资合作）
NGO组织（指导）
上级政府（申请、支持协议）
周边学校（资金）
乡贤人才回流 / 学校素质教育 / 游客乡村体验 / 游学乡土实践

考核退出机制 杜绝外来资本的不当行为
立项评估：市场调查和可行性评估 → 短期租约：控制土地出让年限 → 阶段考核：租期期末考核各项指标 → 退出机制：不达标项目不再续约

■ 阶段实施

前期 文化引入
历史文化资源 / 王平古道历史遗迹 / 政策支持吸引投资 / 居住条件服务设施完善

中期 文化产业 氛围营造
村民共同参与乡村建设 / 打造文化标签增加经济创收 / 合理驻村制度多元生活保障

后期 共同村构建
村庄连片发展 / 业态周边辐射产业初具规模 / 村民内在提升主体成分扩充

村庄平面图

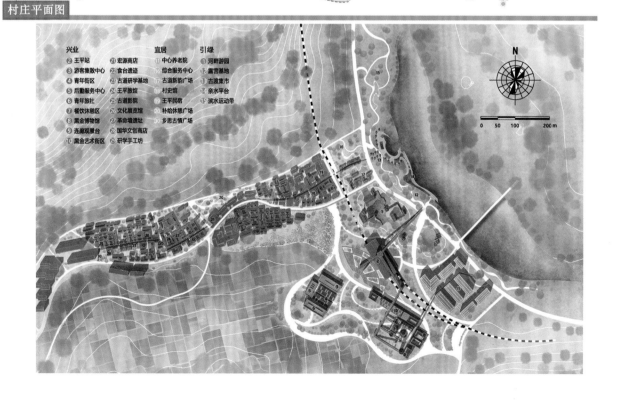

兴业
② 王平站
③ 游客集散中心
④ 青年街区
⑤ 启勤服务中心
⑥ 青年旅社
⑦ 餐饮体验区
⑧ 黑金博物馆
⑨ 连廊观景台
⑩ 黑金艺术街区
⑳ 宏源商店
㉑ 食台遗迹
㉒ 古道研学基地
㉓ 王平旅馆
㉔ 古道影院
㉕ 文化展览馆
㉖ 革命墙遗址
㉗ 国华文创商店
㉘ 研学手工坊

宜居
⑪ 中心养老院
⑫ 综合服务中心
⑬ 古道新韵广场
⑭ 村史馆
⑮ 王平民宿
⑯ 补给休憩广场
⑰ 乡思古情广场

引绿
⑱ 河畔游园
⑲ 露营基地
⑳ 古渡集市
㉑ 亲水平台
㉒ 滨水运动带

N

0 50 100 200 m

以道为脉，驿促三生

——王平村·京西"新古道"商业驿站村规划

规划分析图

■ 功能分区

■ 规划结构

　　滨水生态轴
　　古道生活轴
　　铁道休闲轴
✿ 核心节点

■ 景观结构

　　滨水蓝轴
　　景观绿轴
✿ 主要景观节点
✿ 次要景观节点

■ 道路交通

　　车行道
　　人行道
　　铁路
Ⓟ 停车场

古道更新

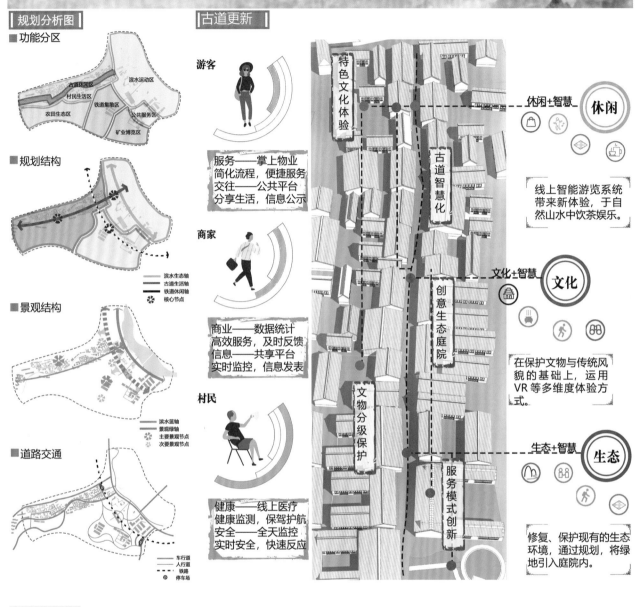

游客

服务——掌上物业
简化流程，便捷服务
交往——公共平台
分享生活，信息公示

商家

商业——数据统计
高效服务，及时反馈
信息——共享平台
实时监控，信息发表

村民

健康——线上医疗
健康监测，保驾护航
安全——全天监控
实时安全，快速反应

特色文化体验
古道智慧化
创意生态庭院
文物分级保护
服务模式创新

休闲+智慧　休闲

线上智能游览系统带来新体验，于自然山水中饮茶娱乐。

文化+智慧　文化

在保护文物与传统风貌的基础上，运用VR等多维度体验方式。

生态+智慧　生态

修复、保护现有的生态环境，通过规划，将绿地引入庭院内。

矿区更新

■ 矿区更新手法

立面更新

原有工业建筑内部增添新的立面材质，在保留原有结构的基础上丰富建筑外立面。

增设天窗

在结构允许的前提下，为体量过大的建筑增设天窗，增加建筑的采光。

连接成组

更新原有连廊，将基地内的小型建筑进行连接，创造新的空间类型。

矿业博览区

青年街区

空间分隔

对于厂房等大尺度建筑，将其内部空间进行划分，利用多个小空间实现功能多样性。

屋顶更新

铁轨公园

以道为脉，驿促三生

——王平村·京西"新古道"商业驿站村规划

广场更新

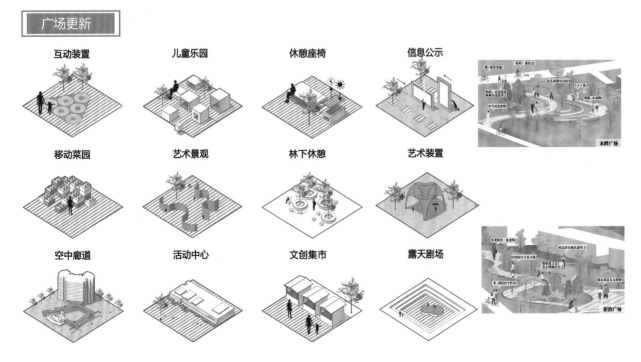

互动装置　　儿童乐园　　休憩座椅　　信息公示

移动菜园　　艺术景观　　林下休憩　　艺术装置

空中廊道　　活动中心　　文创集市　　露天剧场

以道为脉，驿促三生

——王平村·京西"新古道"商业驿站村规划

广场更新

■院落更新手法

大量的平屋顶不符合建筑风貌协调要求　协调坡屋顶　增加栅格强化序列

新建民居屋顶简单 ➕ 加盖坡屋顶　私自加建不符合风貌 ➤ 通过灰空间处理高差　传统建筑屋顶结构 ➤ 传统建筑屋顶结构

■王平旅馆更新效果图

可用废弃瓦片堆砌院落围墙

房屋内部用木结构进行划分，在维持原有格局的情况下重新划分内部空间

屋内配件符合房屋风格，采用木质、竹制等挂饰

东侧偏房可放置游客的行李或用作居民储物间

渡口更新

■售卖亭设计

  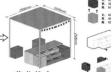

未营业状态　休息状态　营业状态

日常　集市日

早 Early

这售卖亭还能营造出一个户外舒适的小空间嘛。

这售卖亭收纳地方可真多，可以接不同类型分开来放。

中 Noon

中午接孩子放学，可以坐这一边休息一边等孩子，真好呀。

抽屉式展示让顾客能一眼看到想买的东西，生意更好了。

晚 Night

售卖亭形成了一个私密空间，可以和女朋友在这里聊天。

没多少人啦，让我来算算今天收入有多少。

■渡口集市效果图

节点效果图

铁道公园

滨水运动带

河畔游园

滨水露营区

驿站焕活 · 繁华延续

——以驿站重生为导向的京西传统村落振兴计划

设计说明

基于风景秀丽、人文情怀浓厚的北京市门头沟区王平镇东石古岩村，我们根据政策导向，挖掘文化底蕴，结合村庄定位，站在人文、生态、经济的角度，代入不同人群的身份，进行概念性设计，为村庄的未来发展提出建议。

指导教师

梁玮男　北方工业大学建筑与艺术学院城乡规划系主任、副教授
李　婧　北方工业大学建筑与艺术学院建筑系副教授
任雪冰　北方工业大学建筑与艺术学院讲师

小组成员

郭妍　北方工业大学建筑与艺术学院城乡规划系学生
魏欣　北方工业大学建筑与艺术学院城乡规划系学生

教师感言

任雪冰：2022年春季，第二届"京内高校美丽乡村有机更新"联合毕业设计拉开序幕。一批即将毕业的规划学子聚焦于北京市门头沟区，他们展怀于恢宏大地，以高于理想的情怀踟蹰于现实与完美之间，孜孜不倦地上下求索。

疫情没有阻挡同学们现场踏勘的脚步，他们用专业的视角体验着乡村生活中的点滴，以厚重的责任感与使命感认知乡村空间的每一个要素；激烈讨论间碰撞出智慧的设计灵感，设计交流间形成缜密的设计构思；小组协作绘制出风格迥异又别具特色的设计方案。经过一个学期的历练，他们交出了一份无愧于自己的满意答卷。

乡村是展示中国传统文化的一扇窗口，乡村文化与生活的延续是新时代中华大地上的重要课题。作为规划师的他们刚刚启航：乡村振兴，任重道远。

学生感言

回想起这几个月的毕业设计过程，一路走来，感受颇多。我们希望能够通过这次脚踏实地探访乡村，做出规划，为传统乡村发展的未来之道提供些许灵感。

为了完成毕业设计，我们经常赶稿到深夜，但看着亲手打出的字句、绘制的一张张图纸获得老师肯定的时候，心里是激动的、自豪的；听着被指出的不足和缺陷，思想上是充盈的、满足的。这是我们毕业前一段最宝贵的回忆。

这样能够为大学五年画上完美句号的作品，离不开三位指导老师的悉心指导！老师们严谨治学的态度、渊博的知识使我们受益匪浅，感恩漫漫求学路上良师相伴！

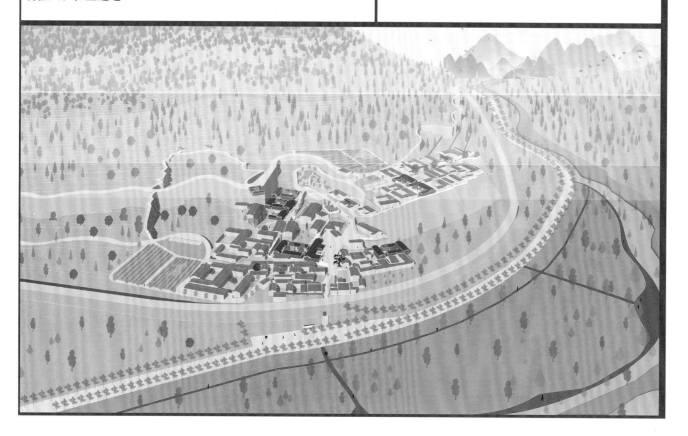

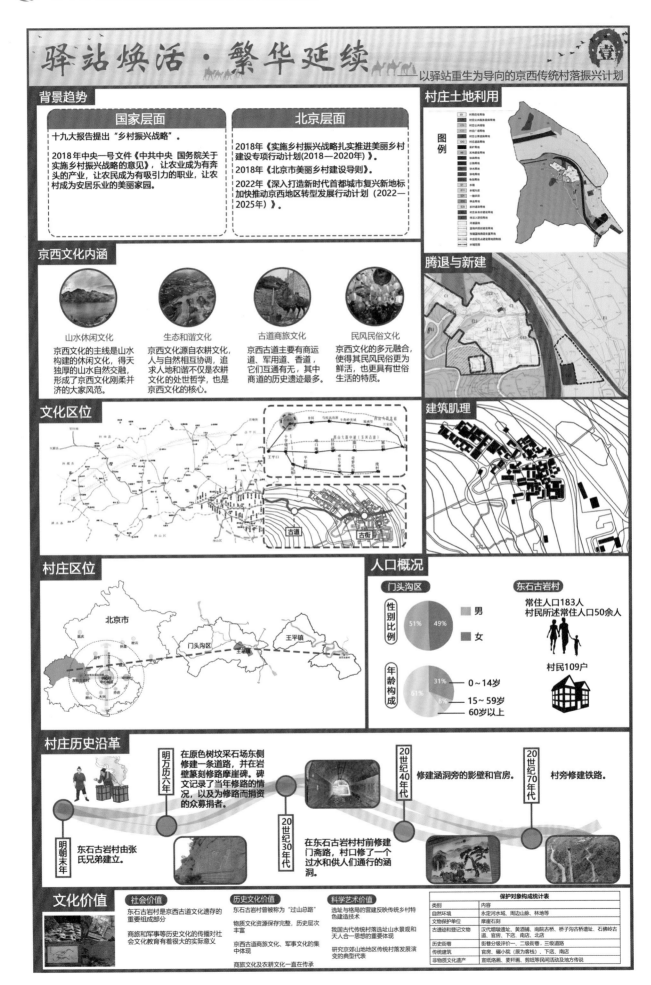

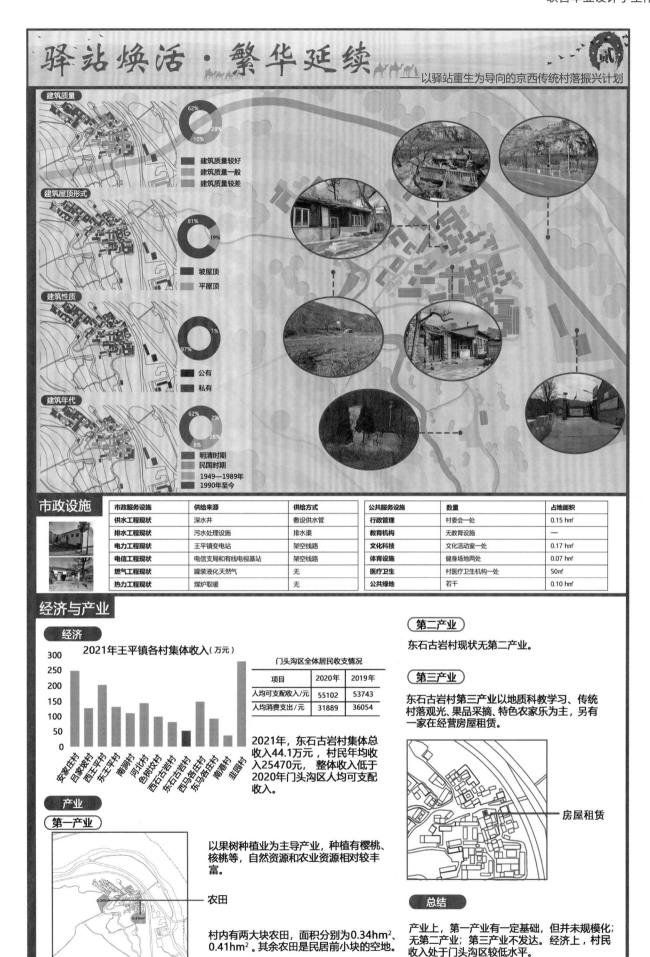

驿站焕活·繁华延续

以驿站重生为导向的京西传统村落振兴计划 （贰）

建筑质量
- 62%
- 28%
- 10%
- ■ 建筑质量较好
- ■ 建筑质量一般
- ■ 建筑质量较差

建筑屋顶形式
- 81%
- 19%
- ■ 坡屋顶
- ■ 平屋顶

建筑性质
- 97%
- 3%
- ■ 公有
- ■ 私有

建筑年代
- 62%
- 2%
- 8%
- 28%
- ■ 明清时期
- ■ 民国时期
- ■ 1949—1989年
- ■ 1990年至今

市政设施

市政服务设施	供给来源	供给方式
供水工程现状	深水井	敷设供水管
排水工程现状	污水处理设施	排水渠
电力工程现状	王平镇变电站	架空线路
电信工程现状	电信支局和有线电视基站	架空线路
燃气工程现状	罐装液化天然气	无
热力工程现状	煤炉取暖	无

公共服务设施	数量	占地面积
行政管理	村委会一处	0.15 hm²
教育机构	无教育设施	—
文化科技	文化活动室一处	0.17 hm²
体育设施	健身场地两处	0.07 hm²
医疗卫生	村医疗卫生机构一处	50m²
公共绿地	若干	0.10 hm²

经济与产业

经济

2021年王平镇各村集体收入（万元）

（柱状图，纵轴0—300，横轴各村：安家庄村、吕家坡村、西王平村、东王平村、南涧村、河北村、色树坟村、西石古岩村、东石古岩村、西马各庄村、东马各庄村、南港村、韭园村）

门头沟区全体居民收支情况		
项目	2020年	2019年
人均可支配收入/元	55102	53743
人均消费支出/元	31889	36054

2021年，东石古岩村集体总收入44.1万元，村民年均收入25470元，整体收入低于2020年门头沟区人均可支配收入。

产业

第一产业

以果树种植业为主导产业，种植有樱桃、核桃等，自然资源和农业资源相对较丰富。

—— 农田

村内有两大块农田，面积分别为0.34hm²、0.41hm²。其余农田是民居前小块的空地。

第二产业

东石古岩村现状无第二产业。

第三产业

东石古岩村第三产业以地质科教学习、传统村落观光、果品采摘、特色农家乐为主，另有一家在经营房屋租赁。

—— 房屋租赁

总结

产业上，第一产业有一定基础，但并未规模化；无第二产业；第三产业不发达。经济上，村民收入处于门头沟区较低水平。

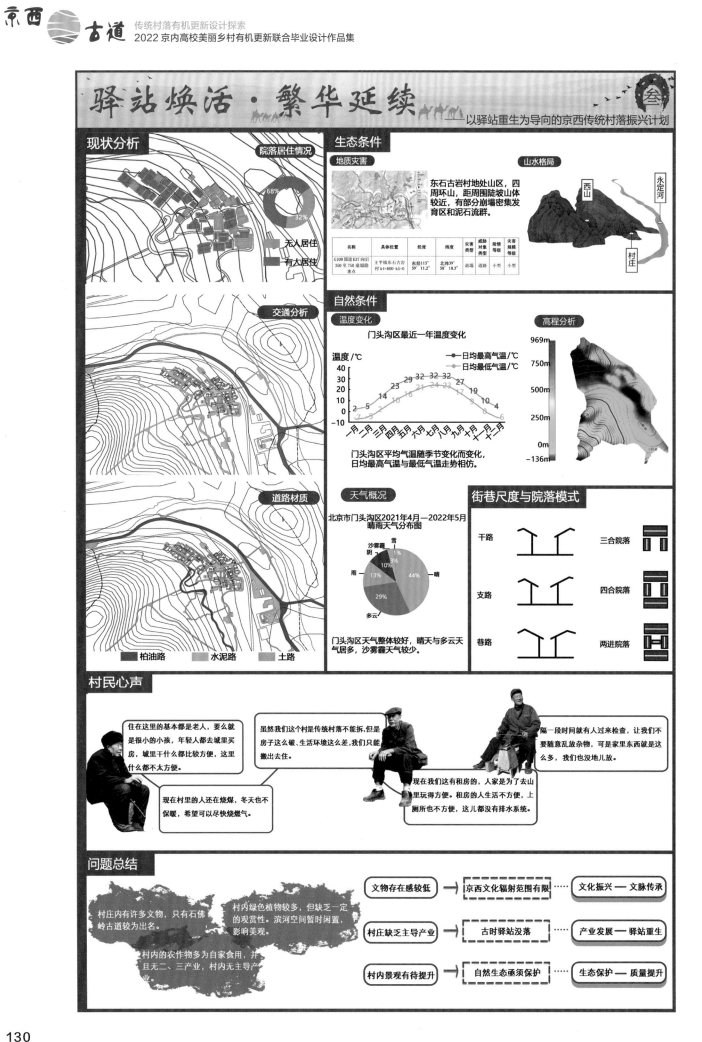

驿站焕活·繁华延续

—— 以驿站重生为导向的京西传统村落振兴计划

叁

现状分析

院落居住情况

68%
32%

■ 无人居住
■ 有人居住

交通分析

道路材质

■ 柏油路 ■ 水泥路 ■ 土路

生态条件

地质灾害

东石古岩村地处山区，四周环山，距周围陡坡山体较近，有部分崩塌密集发育区和泥石流群。

名称	具体位置	经度	纬度	灾害类型	威胁对象类型	险情等级	灾害规模等级
G109国道K37向后350至750崩塌隐患点	王平镇东石古岩村k4+600-k5+0	东经115°59′11.2″	北纬39°58′18.3″	崩塌	道路	小型	小型

山水格局

西山
永定河
村庄

自然条件

温度变化

门头沟区最近一年温度变化

温度/℃

● 日均最高气温/℃
● 日均最低气温/℃

门头沟区平均气温随季节变化而变化，日均最高气温与最低气温走势相仿。

高程分析

969m
750m
500m
250m
0m
−136m

天气概况

北京市门头沟区2021年4月—2022年5月晴雨天气分布图

沙雾霾
阴 3%
1% 雪
10%
雨 13%
44% 晴
29%
多云

门头沟区天气整体较好，晴天与多云天气居多，沙雾霾天气较少。

街巷尺度与院落模式

干路	三合院落
支路	四合院落
巷路	两进院落

村民心声

住在这里的基本都是老人，要么就是很小的小孩，年轻人都去城里买房，城里干什么都比较方便，这里什么都不太方便。

现在村里的人还在烧煤，冬天也不保暖，希望可以尽快烧燃气。

虽然我们这个村是传统村落不能拆，但是房子这么破、生活环境这么差，我们只能搬出去住。

现在我们这有租房的，人家是为了去山里玩得方便。租房的人生活不方便，上厕所也不方便，这儿都没有排水系统。

隔一段时间就有人过来检查，让我们不要随意乱放杂物，可是家里东西就是这么多，我们也没地儿放。

问题总结

村庄内有许多文物，只有石佛岭古道较为出名。

村内绿色植物较多，但缺乏一定的观赏性。滨河空间暂时闲置，影响美观。

村内的农作物多为自家食用，并且无二、三产业，村内无主导产业。

文物存在感较低 → 京西文化辐射范围有限 ┈ 文化振兴 —— 文脉传承

村庄缺乏主导产业 → 古时驿站没落 ┈ 产业发展 —— 驿站重生

村内景观有待提升 → 自然生态亟须保护 ┈ 生态保护 —— 质量提升

驿站焕活·繁华延续
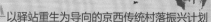
—— 以驿站重生为导向的京西传统村落振兴计划

功能定位——思考因素

上位导向

《北京城市总体规划
（2016年—2035年）》

门头沟区为北京市生态涵养区，是坚持绿色发展，建设宜居、宜业、宜游的生态发展示范区。
门头沟区功能定位：首都西部重点生态保育区及生态治理协作区、首都西部综合服务区、京西特色历史文化旅游休闲区。

《门头沟分区规划（国土空间规划）
（2019年—2035年）》

加强名镇名村、传统村落保护与发展。
加强村庄生态保护修复。
西山永定河文化带。

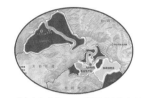

《北京市门头沟区王平镇国土空间规划
（2020年—2035年）》

东石古岩村在绿色空间中处于休闲游憩区。
东石古岩村在空间布局中处于休闲养生片区。
东石古岩村被永定河滨水景观轴线穿过。

东石古岩村

发展机遇

传统村落保护政策发展

2012年4月，国家住房和城乡建设部、文化部、国家文物局、财政部联合启动了对中国传统村落的调查，古村址及传统村落的保护和研究工作逐渐得到重视。

被列入国家级传统村落

2016年12月9日，国家住房和城乡建设部将北京市门头沟区王平镇东石古岩村列入第四批中国传统村落。

第四批列入传统村落名录的村落名单
一、北京市（5个）
门头沟区斋堂镇西胡林村
门头沟区王平镇东石古岩村
房山区南窖乡南窖村
房山区蒲洼乡宝水村
密云区太师屯镇令公村

为东石古岩村迎来机遇，历史建筑的保护与利用更是成为重中之重。

门头沟国家步道系统规划

步道系统	长度/km	现存步道长度/km	比例/%
A.京西古商旅国家历史步道	265.7	122.1	46.0
B.永定河国家综合步道	86.6	6.6	7.6
C.沿长城国家历史步道	71.5	9.4	13.1
D.妙峰山区域历史步道	87.8	81.3	92.6
E.百花山山—灵山区域自然步道	172.6	51.2	29.7
总计	684.3	270.5	39.5

京西古商旅道国家历史步道
永定河国家综合步道
沿长城国家历史步道
妙峰山区域历史步道
百花山山—灵山区域自然步道

传统村落集中连片保护

2022年《关于组织申报2022年传统村落集中连片保护利用示范的通知》

中国传统村落
中国传统村落，北京市传统村落，国家级历史文化名村
北京市传统村落

门头沟区传统村落分布

发展挑战

"一线四矿"十二个站点产业空间布局

东石古岩村

东石古岩村周边站点将会吸引人流。

用地面积制约

村庄	村庄建设用地面积/hm²	
	现状	规划后
王平村	10.81	6.49
双石头村	2.36	2.36
燕家台村	12.25	19.21
吕家村	5.46	5.46
柏峪村	7.42	6.47
东石古岩村	4.89	2.63

问题导向

现存问题
京西文化辐射范围有限
古时驿站没落
生态环境需保护

隐藏问题
旅游开发可能忽视村民利益
可能对村庄有建设性破坏
开发导致居民搬出，古村落与居民生活割裂

功能定位——思考路径

① 上位导向 ——
发展机遇 ——
→ 村庄文化、京西文化的宣扬

② 用地面积制约
发展挑战
问题导向
→ 供村民生活的传统村落

功能定位

以京西文化为突破口、以民俗技艺为记忆特色，复兴古道驿站功能的传统乡村。

依托村庄现有独特的山水格局，以石佛岭古道为核心，结合村庄内的传统建筑资源，背靠其后的京西文化，打造京西古道上的一颗闪亮明珠。

村域规划图

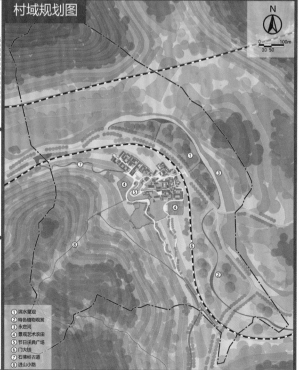

N

① 滨水景观
② 特色植物观赏
③ 永定河
④ 景观艺术农田
⑤ 节日庆典广场
⑥ 卜大线
⑦ 石佛岭古道
⑧ 进山小路

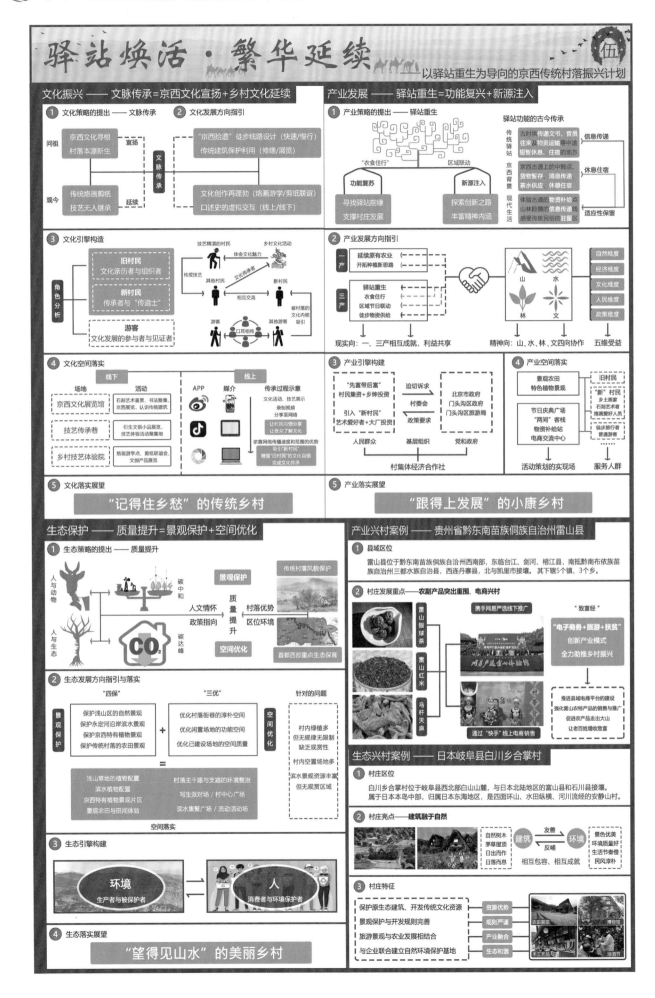

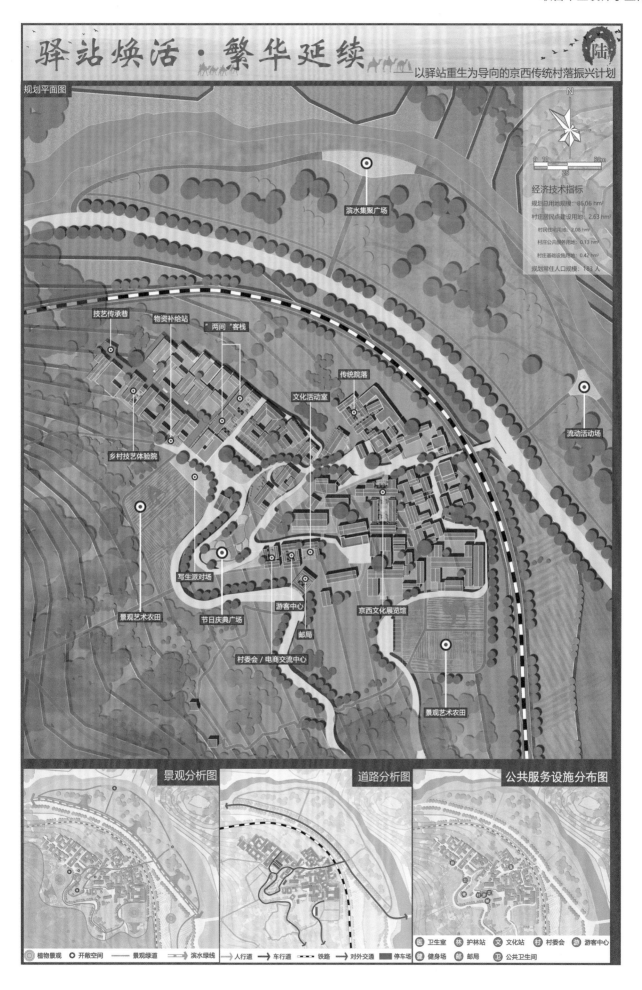

驿站焕活·繁华延续

以驿站重生为导向的京西传统村落振兴计划

陆

规划平面图

N

经济技术指标

规划总用地规模：86.06 hm²
村庄居民点建设用地：2.63 hm²
村民住宅用地：2.08 hm²
村庄公共服务用地：0.13 hm²
村庄基础设施用地：0.42 hm²
规划常住人口规模：183 人

技艺传承巷
物资补给站
"两间"客栈
传统院落
文化活动室
流动活动场
乡村技艺体验院
写生派对场
景观艺术农田
节日庆典广场
游客中心
京西文化展览馆
邮局
村委会 / 电商交流中心
景观艺术农田
滨水集聚广场

景观分析图   **道路分析图**   **公共服务设施分布图**

植物景观 开敞空间 景观绿道 滨水绿线 人行道 车行道 铁路 对外交通 停车场

卫生室 护林站 文化站 村委会 游客中心 健身场 邮局 公共卫生间

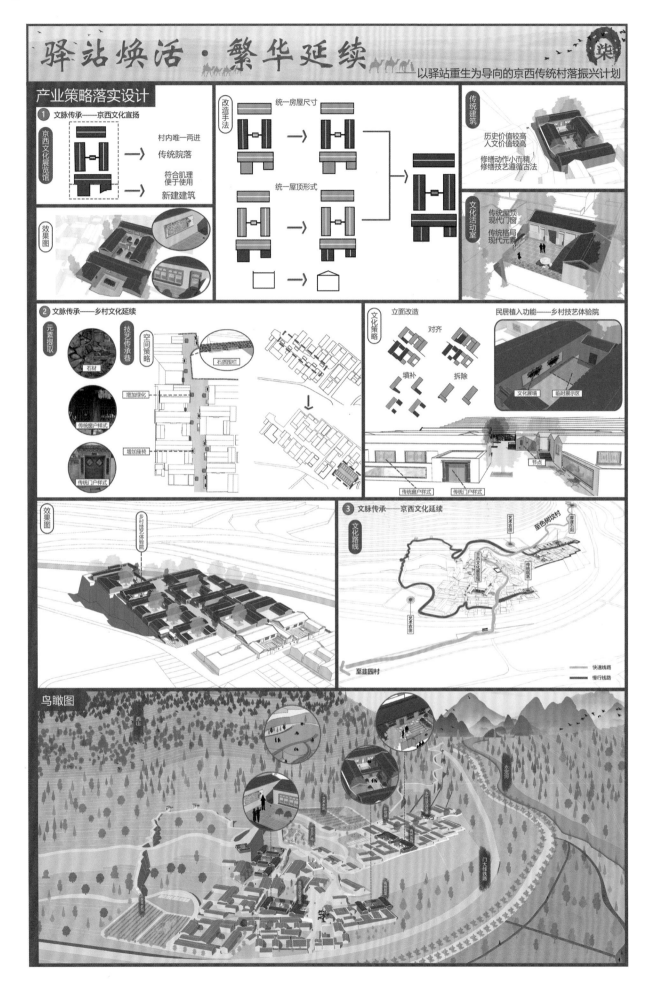

驿站焕活·繁华延续

以驿站重生为导向的京西传统村落振兴计划

产业策略落实设计

① 文脉传承——京西文化宣扬

京西文化展览馆

村内唯一两进
传统院落

符合肌理
便于使用

新建建筑

效果图

改造手法

统一房屋尺寸

统一屋顶形式

传统建筑

历史价值较高
人文价值较高

修缮动作小而精
修缮技艺遵循古法

文化活动室

传统屋顶
现代门窗

传统格局
现代元素

② 文脉传承——乡村文化延续

元素提取

石材

传统窗户样式

传统门户样式

技艺传承巷

空间策略

增加绿化

增加座椅

石质围栏

文化策略

立面改造

对齐

填补

拆除

民居植入功能——乡村技艺体验院

文化展墙

临时展示区

节点

传统窗户样式

传统门户样式

效果图

乡村技艺体验院

③ 文脉传承——京西文化延续

文化路线

艺术立面

至色树纹村

京西文化展览馆

传统院落

艺术农田

至韭园村

快速线路

慢行线路

鸟瞰图

驿站焕活·繁华延续

以驿站重生为导向的京西传统村落振兴计划

捌

产业策略落实设计

京西古道贸易线路

两间小店——张家店
茶馆马棚，为来往商旅提供茶水与客舍，供其暂时休憩或传递消息。

同姓家族人数增加规模扩大，形成村落

京西古道重要驿站

① 功能复苏——探索曾经东石古岩村于京西古道的具体作用与地位，实现功能重构与产业焕活

衣
传统服饰赏析会
节日庆典广场

食
乡土耕作采摘体验
"两间"客栈

住
传统民居亲身感受
"两间"客栈

行
针对不同人群的物资供给
补给点+护林站

② 新源注入——结合京西古道周边村落形成完整古道体验路线，多村携手共同举办京西文化节，并借此举办"传统服饰赏析会"

古道体验线路部分主题展示
挖掘古道沿途村落中各有千秋的吸睛主题，串联京西古道的发展脉络和阶段特色，打造京西独有的风貌景观，传承历史文脉，让更多人来感受传统村落的风土人情。

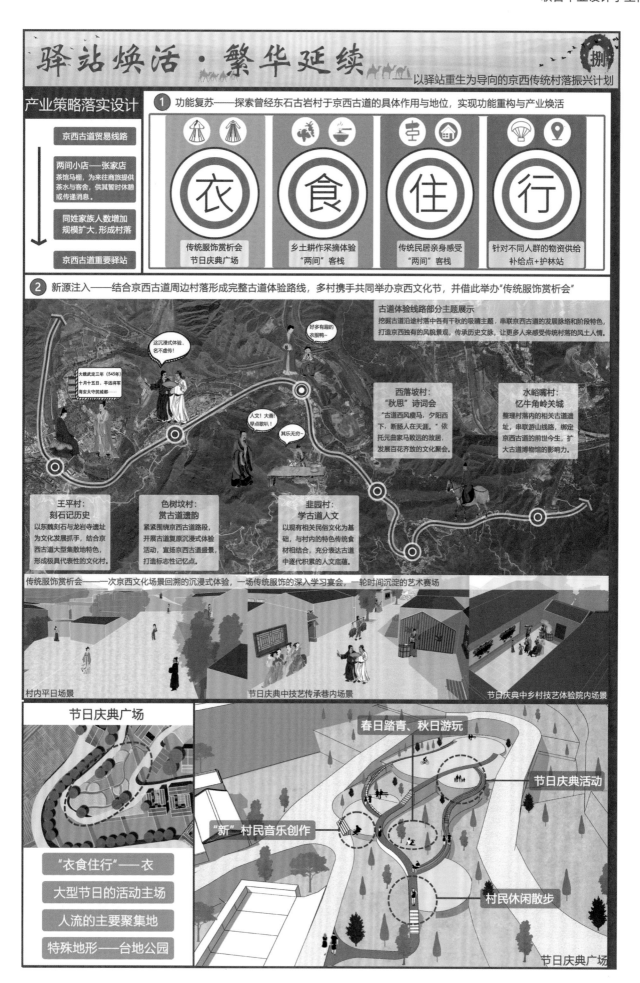

这沉浸式体验，名不虚传！

好多有趣的衣服鸭~

大魏武定三年（545年）十月十五日，平远将军海安太守筑城都...

人文！大画！早点歌饮！

其乐无穷~

西落坡村：
"秋思"诗词会
"古道西风瘦马，夕阳西下，断肠人在天涯。"依托元曲家马致远的故居，发展百花齐放的文化聚会。

水峪嘴村：
忆牛角岭关城
整理村落内的相关古道遗址，串联游山线路，绑定京西古道的前世今生，扩大古道博物馆的影响力。

王平村：
刻石记历史
以东魏刻石与龙岩寺遗址为文化发展抓手，结合京西古道大型集散地特色，形成极具代表性的文化村。

色树坟村：
赏古道遗韵
紧紧围绕京西古道路段，开展古道复原沉浸式体验活动，宣传京西古道盛景，打造标志性记忆点。

韭园村：
学古道人文
以现有相关民俗文化为基础，与村内的特色传统食材相结合，充分表达古道中逐步积累的人文底蕴。

传统服饰赏析会——一次京西文化场景回溯的沉浸式体验，一场传统服饰的深入学习宴会，一轮时间沉淀的艺术赛场

村内平日场景

节日庆典中技艺传承巷内场景

节日庆典中乡村技艺体验院内场景

节日庆典广场

春日踏青、秋日游玩

节日庆典活动

"新"村民音乐创作

村民休闲散步

"衣食住行"——衣

大型节日的活动主场

人流的主要聚集地

特殊地形——台地公园

节日庆典广场

135

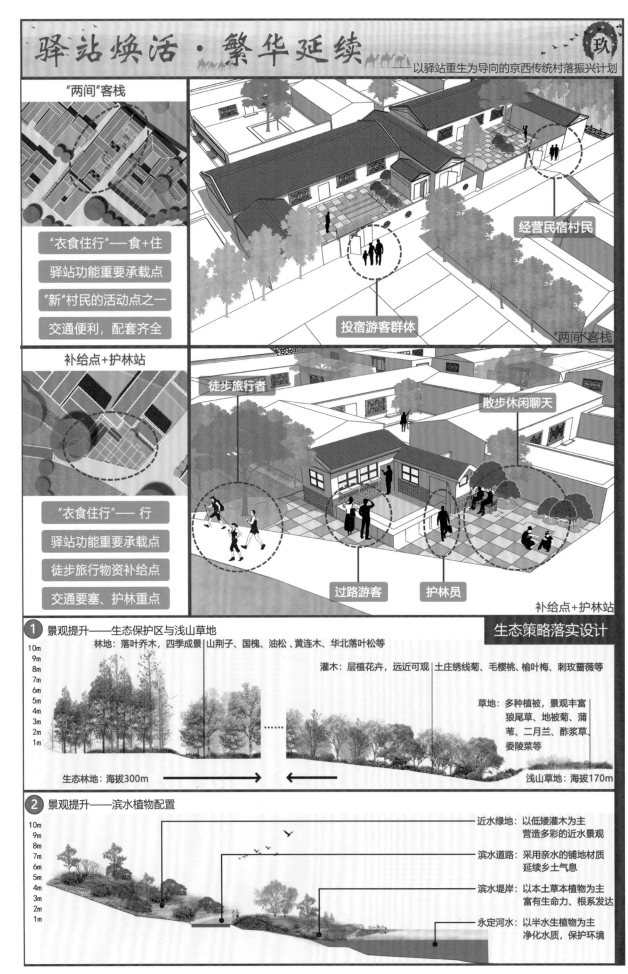

京西古道

传统村落有机更新设计探索
2022 京内高校美丽乡村有机更新联合毕业设计作品集

驿站焕活·繁华延续

以驿站重生为导向的京西传统村落振兴计划

玖

"两间"客栈

- "衣食住行"——食+住
- 驿站功能重要承载点
- "新"村民的活动点之一
- 交通便利，配套齐全

经营民宿村民

投宿游客群体

"两间"客栈

补给点+护林站

- "衣食住行"—— 行
- 驿站功能重要承载点
- 徒步旅行物资补给点
- 交通要塞、护林重点

徒步旅行者

散步休闲聊天

过路游客

护林员

补给点+护林站

生态策略落实设计

① 景观提升——生态保护区与浅山草地

林地：落叶乔木，四季成景｜山荆子、国槐、油松、黄连木、华北落叶松等

灌木：层植花卉，远近可观｜土庄绣线菊、毛樱桃、榆叶梅、刺玫蔷薇等

草地：多种植被，景观丰富
狼尾草、地被菊、蒲
苇、二月兰、酢浆草、
委陵菜等

生态林地：海拔300m ← → 浅山草地：海拔170m

② 景观提升——滨水植物配置

- 近水绿地：以低矮灌木为主
营造多彩的近水景观
- 滨水道路：采用亲水的铺地材质
延续乡土气息
- 滨水堤岸：以本土草本植物为主
富有生命力、根系发达
- 永定河水：以半水生植物为主
净化水质，保护环境

驿站焕活·繁华延续

以驿站重生为导向的京西传统村落振兴计划

拾

③ 景观提升——特色植物景观

毛樱桃　大白梨　麻核桃　李子　玉米　马铃薯　豆角　大葱

④ 景观提升——景观农田与田间体验

⑤ 空间优化——空间落实

滨水集聚广场
场地铺地为亲水的本土红砖，融入自然；场地内放置面向水面的座椅，提供休憩功能；场地周边种植适宜气候的高大乔木，为场地遮荫；主要针对村民与游客两类人群，实现自然山水观赏与临时停留的功能。

小广场
场地位于村庄建设用地中心位置，周边地势较为平坦，可作为防灾用地之一，应对紧急情况；场地内采光较好，可布置座椅，供村民休息。

流动活动场
场地铺地为亲水的本土红砖，融入自然；为节日联动时预留的活动场地，景观优美，场地开阔，可进行户外展览与写生活动。

写生派对场/村民活动广场
场地位置景观丰富，南看景观农田与自然山脉、北看传统村落的肌理脉络，为写生艺术家提供创作灵感；场地周边配套设施齐全。

⑥ 空间优化——场景示意

滨水集聚广场意象图

村民活动广场意象图

游客高峰互动派对

"新"村民写生创作

写生派对场

闲暇休憩聊天

北京城市学院

⑨ 京西印象·幡会之源——千军台历史文化名村更新设计

京西印象·幡会之源——千军台历史文化名村更新设计

指导教师

邓晓莹，北京城市学院城乡规划教研室教师，讲师，北京市优秀责任规划师。
主讲：城乡规划原理
研究方向：城市规划与设计

陈琳，北京城市学院城乡规划教研室教师，讲师，曾在北京清华同衡规划设计研究院就职，主编教材《小城镇建设》。
研究方向：城市规划与设计、村镇规划

李雪，城乡规划教研室教师，讲师，北京市优秀责任规划师。
主讲：城乡绿地系统规划、城市规划设计快题
研究方向：旅游规划、产业规划

刘蕊，北京城市学院城乡规划教研室主任，副教授，城市遗产保护与景观规划研究所所长，北京市优秀责任规划师。
研究方向：遗产保护、城市规划与设计

孟媛，北京城市学院城市建设学部主任，教授，硕士研究生导师。高等学院城市管理专业课程教材与教学资源专家委员会委员、中国建筑教育协会校企合作专业委员会常务委员、北京市平谷区平谷镇责任规划师。
研究方向：土地规划与利用、村级空间规划

教师感言

本次"京内高校美丽乡村有机更新"联合毕业设计给各高校同学一个交流的平台，同时通过专家的指导，学生得到了多方面的提高。李怡同学在本次千军台历史文化名村更新毕业设计完成过程中，表现出扎实的专业能力、良好的创新能力，作为该生的指导教师，我们倍感欣慰。也希望她能在今后的职业生涯里坚持初心，收获未来。

设计说明

在本次规划设计中主要考虑"人与自然"之间的和谐关系，坚持以人为本的设计理念。设计以生态环境优先为原则，充分体现对人的关怀，坚持以人为本，整体设计。
基于国家政策、上位规划以及现状情况进行设计，主要解决了用地、道路、绿地、建筑风貌、游览路线和院落格局等问题。丰富用地类型，增添次要步行道路来完善路网体系，增加大量宅前绿地，划定整治更新建筑，并完善对建筑风貌的控制，由此来设计富有幡会特色的游览路线，并在重要的节点上进行院落更新设计。
同时针对京西古幡会民俗文化特色，设计了制幡工坊，便于市民更多了解制作经幡的过程，体验制幡、绘幡、绣幡的乐趣，充分了解京西古幡会作为非物质文化遗产的文化内涵。

学生感言

本次设计在多位老师的联合指导下完成，设计期间我进一步掌握研究方法，在专业上得到许多指导和帮助。通过本次设计，我体会到：要有目的、有计划、有分工地做事，前期分析准备做齐全，中期图纸风格确定好，后期明确每天的任务量和分工，才能将主题贯穿到整个设计中，不偏离主题。

李怡

京西印象·幡会之源——千军台历史文化名村更新设计

1

项目背景

2020年，北京市委书记蔡奇调研门头沟，重点视察"一线四矿"及周边情况，并指出：京煤要系统谋划，做好废弃矿区利用文章，保护百年工业遗存，打造生态文旅新业态，为区域发展作出新贡献；坚持以习近平生态文明思想为指导，打造绿水青山门头沟，深入落实北京城市总体规划，加快推动京西地区转型发展的重要举措。

2020年7月 ○ 京能集团成立"一线四矿"工作专班，全力谋划转型发展工作。

2021年9月 ○ 成立"一线四矿"项目平台公司，北京市规划和自然资源委员会、门头沟区政府、京能集团作为主办方启动"一线四矿"及周边区域协同发展概念性规划方案全球性征集工作。

2022年1月 ○ 11位国内著名的建筑设计、文化旅游、产业策划等方面的专家组成评审团，对入围方案进行综合评判。

2022年3月 ○ 启动"两点一线一枢纽"四个先导项目；千军台"研学游"综合景区策划方案已基本成型，现已建成国家安全应急科普实训基地，井下小火车、矿洞灯光已完成升级改造。

研究框架

合理确定村庄未来发展定位 多角度塑造村庄特色形象	全面保护村庄历史遗存建筑 传承古村的风貌与文化
充分利用村庄历史人文资源 大力发展特色文化旅游产业	改造提升村庄内部整体品质 建设美丽宜居的农村新社区

千军台历史文化名村更新设计

- **前期工作**
  - 搜集相关资料
    - 历史信息
    - 风土人情
    - 民间典故
  - 村庄现状调研
    - 人口经济
    - 历史遗存
    - 自然资源
    - 人文资源
    - 建筑情况
    - 路网水系
    - 公共空间
- **现实基础**
  - 村庄解读
    - 项目区位
    - 基础概况
    - 历史沿革
    - 村落格局
    - 物质遗存特色
    - 人文环境特色
  - 现状分析
    - 现状土地利用
    - 现状道路交通
    - 现状道路质量
    - 现状绿地景观
    - 现状建筑评估
    - 现状历史元素
    - 现状价值资源
    - 现状问题总结
- **规划设计方案**
  - 规划设计定位
    - 总体定位及主体形象
    - 规划设计目标
    - 形象策划
  - 规划设计方案
    - 规划分区
    - 土地利用规划
    - 道路交通规划
    - 绿地系统规划
    - 现状绿地景观
    - 规划总平面图
    - 建筑风貌控制
    - 游览路线规划
    - 产业发展

区位研究

千军台村位于门头沟中心区西侧，东与庄户村相邻，西面为北台子，北邻八里沟。

木城涧路穿村而过，对外交通便捷，距木城涧社区约5.3千米，距大台街道约7.5千米。从千军台村到大台街道约10分钟车程，大大加强了两地间的交通联系，公交线路仅有929路。

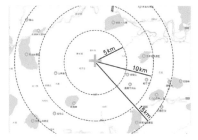

千军台村周边有众多旅游资源，应利用自身资源优势，挖掘特色文化，加强与周边景区的产业对接，同时形成联动发展的游线。

历史沿革

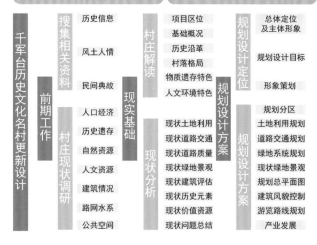

茶棚庙遗址

抗日战争时期

明朝的"京西古幡会"传承地，以前称"天人吉祥盛会"。每年的正月十四、十五，千军台村和邻近的庄户村联合举办幡会，已经有400多年的历史，千军台庄户幡会已被确定为国家级非物质文化遗产。

抗日战争时期，日寇多次炮击村里，并先后三次焚烧村子，致使村内建筑毁坏殆尽。现在的村居民居，大部分是1949年后当地村民就地取材，依传统建造而成，较好地保持了旧风貌。日本侵略军占领京西矿区，以武力控制开采煤矿，掠夺大量煤炭资源运往日本，致使矿井受到严重破坏，大量矿工流离失所。

清

中华人民共和国成立至今

当地有"十里八桥"之说，但大部分古桥都被岁月风化。千军台村的河道里那座被淤半截的古桥是最西头的一座，清光绪十四年（1888年）最后一次修缮后保留至今。村西口曾有茶棚庙，毁于泥石流。京西古道的主干道——西山大路穿村而过，是斋堂地区连接怀来盆地的商旅要道。

中华人民共和国成立后，成立了平西矿务局、平西煤矿公司等机构，建立起国营煤矿基础，煤矿工业迅猛发展，当地成为以煤炭为主的多种经营、综合配套的现代化产业群体。2016年开始，国家、北京市相继出台关于化解煤炭过剩产能的政策文件。

京西印象·幡会之源——千军台历史文化名村更新设计

村庄概况

千军台，史称千人台，俗称千军万马台，京西古道的主干道——西山大路穿村而过，自古是商旅往来必经之路。研究面积共21.14公顷，包含山水、村落、传统建筑、古桥、古槐、幡会古道、矿井遗址及农田等。

千军台村是一个四面环山、环境优美、历史悠久的古村落，至今还保存着完整的传统院落结构，装饰精致。2018年3月，千军台村入选北京首批市级传统村落名录；2021年5月，千军台村民居入选北京市第三批历史建筑名单。

村内所举办的千军台庄户幡会活动，是祭祀与民俗文化的产物，以请神、颂神、祭神、送神为主要内容，以行香走会为活动方式，通过艺人间表演技艺的口传心授，传扬人们祈福迎祥的民间习俗，为传统民俗文化搭建传承空间的文化表现形式，始于明，兴于清，在北京乃至全国都属于罕见的花会形式。此项民俗活动于2014年列入国家级非物质文化遗产代表性名录。

建筑使用情况

村内冬季居住人口约为20人，夏季会有部分人口返回村内避暑，此时村内约有50人。

大部分建筑常年无人使用；少部分建筑有人常年居住使用，多为种地村民等；极少部分建筑偶尔有人使用，使用者多为夏季从中心区返回避暑的人，或者农耕季节回村播种的人等。

图例
- 常年使用
- 偶尔使用
- 无人使用
- 研究边界

研究要素

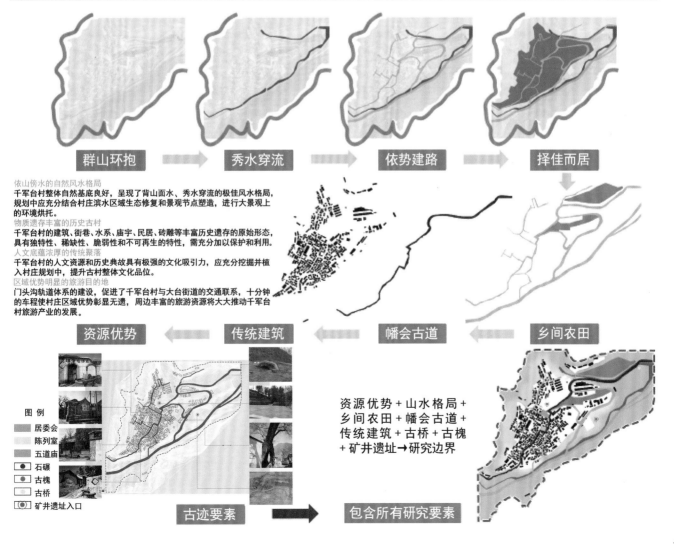

群山环抱 → 秀水穿流 → 依势建路 → 择佳而居

依山傍水的自然风水格局
千军台村整体自然基底良好，呈现了背山面水、秀水穿流的极佳风水格局，规划中应充分结合村庄滨水区域生态修复和景观节点塑造，进行大景观上的环境烘托。

物质遗存丰富的历史古村
千军台村的建筑、街巷、水系、庙宇、民居、砖雕等丰富历史遗存的原始形态，具有独特性、稀缺性、脆弱性和不可再生的特性，需充分加以保护和利用。

人文底蕴浓厚的传统聚落
千军台村的人文资源和历史典故具有极强的文化吸引力，应充分挖掘并植入村庄规划中，提升古村整体文化品位。

区域优势明显的旅游目的地
门头沟轨道体系的建设，促进了千军台村与大台街道的交通联系，十分钟的车程使村庄区域优势彰显无遗，周边丰富的旅游资源将大大推动千军台村旅游产业的发展。

资源优势 ← 传统建筑 ← 幡会古道 ← 乡间农田

资源优势＋山水格局＋乡间农田＋幡会古道＋传统建筑＋古桥＋古槐＋矿井遗址→研究边界

图例
- 居委会
- 陈列室
- 五道庙
- 石碾
- 古槐
- 古桥
- 矿井遗址入口

古迹要素 → 包含所有研究要素

京西印象·幡会之源——千军台历史文化名村更新设计

现状分析

总面积为 21.14 公顷，以住宅用地和非建设用地为主。
住宅用地：共 5.02 公顷，基本保留传统建筑风貌。
公共服务用地：共 0.4 公顷，包括村委会、千军台小学、大队礼堂、五道庙、千军台乡情村史陈列室，目前千军台小学已无人使用。
公用服务用地：共 0.34 公顷，包括三处公共卫生间和一个发电站。
绿地：共 0.51 公顷，包括三处广场绿地和一处公园绿地。
耕地：共 1.12 公顷，大部分种植玉米和香椿树等耐旱作物。

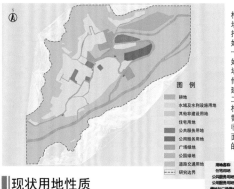

用地名称	用地面积/ha²	占研究用地比例/(%)
住宅用地	5.02	23.75
公共服务用地	0.4	1.89
公用服务用地	0.34	1.61
绿地与广场用地	0.51	2.41
道路交通用地	1.86	8.80
耕地	1.12	5.30
水域及水利设施用地	0.81	3.83
其他非建设用地	11.08	52.41
总计	21.14	100

图例：耕地／水域及水利设施用地／其他非建设用地／住宅用地／公共服务用地／公用服务用地／广场绿地／公园绿地／道路交通用地／研究边界

▎现状用地性质

村中大量建筑沦为危房，墙体倒塌，院内无人居住打理，但院落格局保存较好。
一类质量建筑：基础较好、结构和外观完整，墙体、屋面、柱子和其他构件基本完整的石砌建筑或砖石结构建筑。
二类质量建筑：建筑质量相对较差、较难满足生活需要的建筑，简陋建筑，临时建筑，以及墙体、屋面、柱子或其他构件不全的建筑。

图例：一类质量建筑／二类质量建筑／研究边界

▎现状建筑质量

村庄内部交通未形成环路，存在大量断头路，步行交通可达性较差。
现状道路包括对外交通道路、村庄主要车行道路、村庄主要步行道路和村庄次要步行道路四部分。
对外交通道路：为两车道，穿村而过，公交 929 路途经此路。
村庄主要车行道路：道路等级较低，仅有一条。
村庄主要步行道路：多为石板路，偶尔有车停靠。
村庄次要步行道路：共有四条道路，没有形成环路，步行交通可达性较差。
静止交通共有三处停车场，与广场绿地相结合。

图例：对外交通道路／村庄主要车行道路／村庄主要步行道路／村庄次要步行道路／停车场／研究边界

▎现状道路交通

村内建筑以 1950—1980 年建的为主，少量为 1980—2000 年以及 2000 年后建的建筑。
村内大部分建筑为 1950—1980 年所建；在村庄北侧有部分建筑为 1980—2000 年建的建筑。在村礼堂附近和小学附近有 2000 年以后建的建筑。

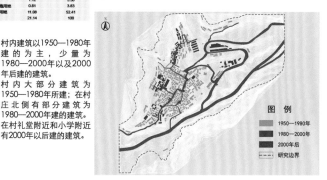

图例：1950—1980 年／1980—2000 年／2000 年后／研究边界

▎现状建筑年代

村内道路质量参差不齐，部分道路已经出现破损、裂纹等，且未进行合理的路面硬化。
一类质量道路：路面铺装为水泥、沥青或石板，质量较好，路面平整，无破损。
二类质量道路：路面铺装为水泥，质量较差，路面不平整，出现裂纹，有破损。
三类质量道路：路面为碎石或土路，没有进行路面硬化，仅有道路痕迹。

图例：一类质量／二类质量／三类质量／研究边界

▎现状道路质量

建筑结构多为砖石结构和砖混结构，木结构加以辅助。
砖石结构：砖石结构大量运用在村内各类构筑物、建筑物上，包括屋顶、墙体等，家家户户都会存放部分已经凿好的石板。
砖混结构：砖石与混凝土结合的结构，多为居民重新修缮时所选，结构较坚固；砖石与白灰和土混合而成的结构，多为年代较为久远的建筑所用，质量较差。
木结构：木结构构件多为房屋的梁、柱、窗等。

图例：砖石结构／砖混结构／研究边界

▎现状建筑结构

村庄整体景观质量需要提升，生态水系需要进行修复。
水系：清水涧河与八里沟交汇于此，但由于挖矿的原因，现在已干涸近 30 年，杂草丛生，有大量石块堆积，水系景观亟须修复。
广场绿地：广场面积相对较大，但使用率较低，大部分用来给游客停车、堆放杂物等，缺乏美感，难以形成景观规模效益。

图例：公园绿地／广场绿地／水系／研究边界

▎现状绿地景观

第五立面颜色多为砖红色、灰色及蓝色，材质多为砖石及塑钢，形式多为坡屋顶。
传统建筑：第五立面多采用灰色砖瓦，少部分采用红色砖瓦。
部分重新翻新的建筑：第五立面采用灰色塑钢。
极少部分建筑：第五立面采用蓝色塑钢和平屋顶。

图例：灰色砖瓦坡屋顶／灰色塑钢坡屋顶／蓝色塑钢坡屋顶／红色砖瓦坡屋顶／平屋顶／研究边界

▎现状第五立面

京西印象·幡会之源——千军台历史文化名村更新设计

历史元素一览

街巷
屋顶
院落
门窗
墙体
门头
山墙

现状问题总结

【社会维度】	【产业维度】	【文化维度】	【形态维度】	【认知维度】
缺乏便民服务设施	第一产业发展潜力较差	现有历史遗产保存和展示状况差	建筑老旧，沦为危房	公共空间活力低
部分住房条件较差	古幡会特色展现宣传力较弱	历史文化传承薄弱，缺乏街道特色	道路质量较差	空间内部布置无序，整体风貌不协调
当地居民人口较少且老龄化严重	水系干涸，灌溉农田严重受阻		建筑结构亟须修复	
老龄化程度比较严重	一产经济下滑，二、三产动力不足	历史资源挖掘不足	传统民居建筑破损	公共空间活力较低

吸引人才回流，促进村庄产业发展，挖掘幡会古道的历史资源，以延续古道风貌，提升周边公共空间活力

总体定位及主题形象

依托"京西古道"文化本底，以"京西印象·幡会之源"为主题，以应保尽保为原则，衍生和拓展传统文化与创新产业链，打造一个集文化创意、旅游农业、休闲度假等功能于一体的千军台富美乡村，使其成为门头沟旅游新节点。

规划设计目标

通过村庄的更新设计，实现"创业增收生活美、科学规划布局美、村容整洁环境美、乡风文明身心美"的建设目标。
完善传统村落建设，形成具有自身特色的旅游农业，大力发展文化创意产业，同时引入乡村休闲旅游项目，建设旅游配套设施，实现乡村产业多元化发展。
在区域乡村旅游发展中，树立千军台自身品牌特色的同时，与周边其他村庄共同打造地区品牌特色。

京西印象·幡会之源——千军台历史文化名村更新设计

形象策划

特色合院，错落有致

大力挖掘千军台的旅游发展潜力，与周边大量风景区形成竞合关系，利用好自身传统村落的优势，建设乡村民宿，吸引大量游客在此休憩，体验传统北京生活，同时由于拥有大量台地建筑，景观视线绝佳，又可依托溪流打造小桥流水等充满乐趣的景观。

诗中有画，画中有诗

对村庄建筑、基础设施、整体环境进行整治，打造集京西文化、特色风貌于一身的富美乡村，以现代文化创意产业为导向，吸引入驻一批画家、艺术家，开办室外画室以及培训班，建设户外培训基地，积极利用目前闲置的小学校园，通过文化的方式聚集人气、吸引游客。

养生度假，康居疗养

发挥依山傍水的资源环境优势，大力发展乡村旅游产业。打造让人释放压力、放松心情的好去处，发挥生态功能，倡导健康生活方式。立足北京，服务全国，辐射国际，四季度假，复合康养。引导休闲养生、健康医疗、康体服务全产业发展，打造一批品牌化、个性化、高端化的传统村落康养基地。

田间生机，淳朴和谐

对村庄的农田进行合理使用，恢复其往日生机。可与高校联合，作为试验基地，研究土壤、育苗、种植等；也可开发农耕体验等娱乐活动，吸引游客等时常来呵护自己亲手种植的作物；根据现状积极发展香椿树种植，将其打造为特色产业。

博物旅行，开阔视野

结合知性与"野性"的旅行方式，让人们在跋山涉水的同时，从博物学的角度，以孩童般的眼光和心性，认识大自然，从中获得发现和体验的乐趣；在矿井遗址入口位置进行矿物知识宣传等。

绘幡绣幡，工艺体验

通过绘幡、绣幡等方式制幡，描绘佛祖、菩萨等神明来得福德、避苦难，往生诸佛净土；又说供养幡可得菩提及其功德，同时祈祷风调雨顺、国泰民安，寄托人们美好的愿望。

规划分区

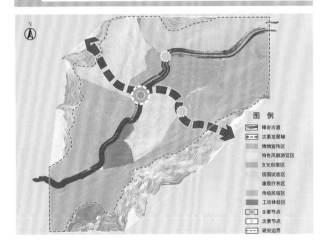

"一道、一轴、七区、多点"

一道——庄户村与千军台村举行京西古幡会的古道
一轴——由东至西的次要发展轴，也是矿物知识宣传游览路线
七区：传统民宿区、文化创意区、博物宣传区、康居疗养区、田园试验区、工坊体验区、特色风貌游览区

多点：
主要节点——传统民宿区、文化创意区、特色风貌游览区及康居疗养区交会节点，同时也是居委会前小广场
次要节点1——文化创意区与田园试验区交会节点
次要节点2——文化创意区、博物宣传区及特色风貌游览区交会节点

土地利用规划

增添部分公共管理与公共服务用地、商业服务业设施用地和道路交通用地。村庄内部大部分为居住用地，共占地4.69公顷。村庄内部共有8个公共管理与公共服务用地，分别为图书馆、小学、居委会、村礼堂、医务室、工坊、五道庙及陈列室，共占地0.57公顷。

用地名称	用地面积/hm²	占城市建设用地比例/（%）
居住用地	4.69	56.64
公共管理与公共服务设施用地	0.57	6.88
商业服务业设施用地	0.03	0.36
道路与交通设施用地	2.16	26.09
公用设施用地	0.34	4.11
绿地与广场用地	0.49	5.92
其中：街旁绿地	0.06	0.72
城市建设用地	8.28	100.00

道路交通规划

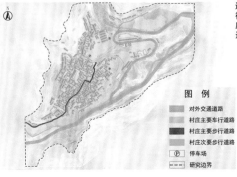

通过新增两条村庄次要步行道路，来增加道路网密度，提高村民步行交通可达性。

京西印象 · 幡会之源——千军台历史文化名村更新设计

道路质量规划

新建道路共 2 条,修缮道路共 3 条,维修道路共 7 条,改善道路共 2 条。
修缮道路:路面铺装为水泥、沥青或石板,质量较好,路面平整,无破损。
维修道路:路面铺装为水泥,质量较差,路面不平整,出现裂纹,有破损。
改善道路:路面为碎石或土路,没有进行路面硬化,仅有道路痕迹。

绿地系统规划

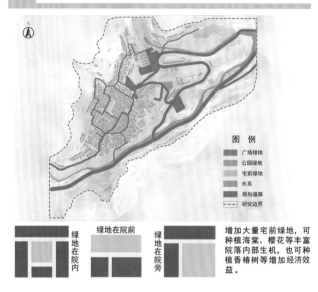

增加大量宅前绿地,可种植海棠、樱花等丰富院落内部生机,也可种植香椿树等增加经济效益。

规划设计总平面图

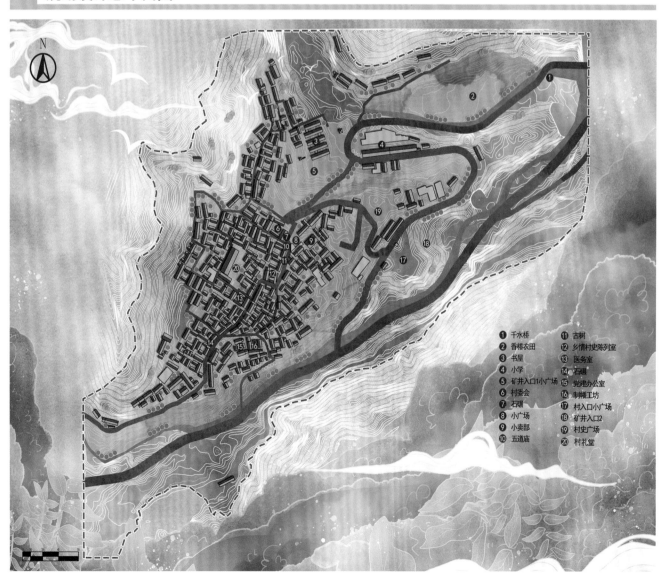

① 千水桥　　　⑪ 古树
② 香椿农田　　⑫ 乡情村史陈列室
③ 书屋　　　　⑬ 医务室
④ 小学　　　　⑭ 石碾
⑤ 矿井入口1小广场　⑮ 党建办公室
⑥ 村委会　　　⑯ 制幡工坊
⑦ 石碾　　　　⑰ 村入口小广场
⑧ 小广场　　　⑱ 矿井入口2
⑨ 小卖部　　　⑲ 村史广场
⑩ 五道庙　　　⑳ 村礼堂

京西印象·幡会之源——千军台历史文化名村更新设计

鸟瞰图

游览路线规划

古幡会流程

STEP1 筹备

春节过后，两村的会头先在千军台村聚餐，磋商办会事宜；确定以后，便有村里热心的妇女自发地到村委会大院里挂幡晾晒，缝补修整；正月初十前后，参加幡会表演的人员来村委会排练，备办相应物品的工作也开始进行。

STEP2 请神

农历正月十四下午，由德高望重的会头带领千军台村村民，一路古幡乐相伴到庙堂，会头带领乡民手持写着各路神仙名字的"大表"焚香祭拜，并以燃放鞭炮和演奏乐器的仪式接神。

STEP3 挂幡

请神仪式后，第二天一早便开始挂幡。古幡由丝绸锦缎制成，这些幡代表京西山村人们信仰的神，幡穿挂在 5~6 米长的大竹竿上。

STEP4 客会

正月十五下午两点半左右，古幡会队伍开始从庄户村出发，两面大锣开道，两武士各持一副铜锤铁锏紧紧跟随。在走会的过程中，还穿插表演斗幡、单手托幡、背转换幡、牙咬托幡等。

STEP5 接会

客会庄户村的队伍于下午四点到达千军台村口，与千军台主会会合，会头见面，举行"开箱立旗""神佛各部见面""号佛"、奏乐等仪式，会头举起手中三旗一挥，宣布起会，鼓乐三通，号角吹起，锣响三声，幡会走会正式开始。

STEP6 走会

STEP7 送神

幡会表演结束后，还有主村待客、看戏的活动。

京西印象·幡会之源——千军台历史文化名村更新设计

游览路线规划

五道庙　古树

乡情村史陈列室　起会点

千水桥　香椿农田

书屋

小学

村委会

制幡工坊　矿井入口

图　例

① 千水桥　　　　⑪ 古树
② 香椿农田　　　⑫ 乡情村史陈列室
③ 书屋　　　　　⑬ 医务室
④ 小学　　　　　⑭ 石碾
⑤ 矿井入口1小广场　⑮ 党建办公室
⑥ 村委会　　　　⑯ 制幡工坊
⑦ 石碾　　　　　⑰ 村入口小广场
⑧ 小广场　　　　⑱ 矿井入口2
⑨ 小卖部　　　　⑲ 村史广场
⑩ 五道庙　　　　⑳ 村礼堂

▢ 幡会古道文化体验游线
▬ 规划道路
--- 研究边界

规划有1条游览路线——幡会古道文化体验游线，根据古幡会流程、文化遗迹以及规划后更新院落，设计游览路线
幡会古道文化体验游线：
千水桥→香椿农田→书屋→小学（艺术家工作室及画室）→村委会（革命宣传地）→五道庙→古树→乡情村史陈列室→幡会起会点→制幡工坊→村入口小广场（矿井入口1）

建筑色彩规划意象　　　　　　　　　　　　　建筑形式规划意象

STEP1 ————→ STEP2 ————————→ STEP3 ←———— STEP2 ←———— STEP1

传统建筑　元素提炼　　色彩提炼———→选取高频交叉色———→对比←　　元素提炼　←———传统元素

选取

	传统建筑	现代建筑
材质提炼	石块 + 水泥	
	石灰 + 混凝土	
	黄土 + 玻璃	
	石板 + 金属	

融　汇
↓

创造→
←反馈

通过对新旧建筑的提炼与对比，营造不同历史文化感与散发现代建筑的时代感，以历史为纽带串联整个场所，赋予空间的场所感，通过传统元素与现代元素的融合与对比，将古今建筑及园林的特色有机相融，避免突兀感等。

现代建筑　现代建筑

［建筑色 ＋ 自然色］

京西印象·幡会之源——千军台历史文化名村更新设计

建筑保护与整治

村内有大量需要进行整治更新的建筑，但同时要保留村落的历史感和烟火气。

保留建筑：保留现状情况良好、可继续使用的建筑，包括村礼堂等。

修缮建筑：包括对文物古迹的日常保养、防护加固、现状修整、重点修复等，主要为重点文化遗产建筑、村委会陈列室古宅等。

维修建筑：对建筑物、构筑物进行不改变外观特征的维护和加固，大部分为保存较好的院落，包括千军台小学等。

改善建筑：对建筑物、构筑物采取调整、完善内部布局及设施等措施，大部分为保存情况较差且无人居住的建筑。

图例
- 保留建筑
- 修缮建筑
- 维修建筑
- 改善建筑
- 研究边界

建筑风貌控制

村内东北侧建筑多为二类风貌，西南侧建筑多为一类风貌，文化办公等建筑为三类风貌。

一类风貌：为恢复传统建筑风貌，屋顶保留原有的石板材质，采用木结构，内部可进行局部改造，保持原有建筑色彩。

二类风貌：局部可采用塑钢屋顶和混凝土结构，保留传统四合院的院落格局，建筑内部可进行改造，保留原有建筑色彩。

三类风貌：保留外立面形式，可进行加建或改建，可改造内部结构及形式。

图例
- 一类风貌
- 二类风貌
- 三类风貌
- 规划道路
- 研究边界

院落更新

▌书屋——异质加建反向冲突

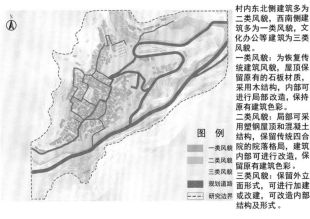

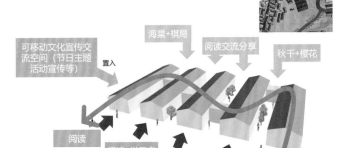

- 可移动文化宣传交流空间（节日主题活动宣传等）
- 海棠+棋局
- 阅读交流分享
- 秋千+樱花
- 置入
- 阅读
- 阅读+学习室
- 阅读+小型会议室
- 阅读+品茶
- 文创周边

▌医务室——"恢复性"修建风貌统合

采用恢复性修建的方式来还原院落的风貌
清除院落内部违建，恢复院落肌理
翻新清理建筑内部，保证空间使用的灵活性

公共卫生服务区　基本医疗服务区

在翻建过程中，保留原有四合院形制与材料，对建筑功能进行局部调整：将东厢房原有厨房等撤出，与西厢房及北房一起调整为基本医疗服务区，提供出诊、转诊、常见病治疗等医疗服务；南房调整为公共卫生服务区，用于建立居民健康档案、宣传卫生计划等。

基本医疗服务区

▌制幡工坊——类比扩充新旧关联

交通流线图

公共空间与灰空间示意图

- 室内空间
- 灰空间
- 公共空间

移除建筑　移除建筑

建筑拆除示意图

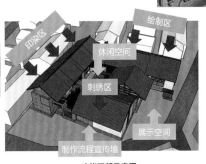

印染区　绘制区　休闲空间　刺绣区　展示空间

制作流程宣传墙

功能更新示意图

制幡流程

STEP 1 印染　　天然染料→印经板→白布→反复印刷
STEP 2 绘制　　绘制神像
STEP 3 刺绣　　神像→绣像→幡旗上

京西印象·幡会之源——千军台历史文化名村更新设计

产业发展——智慧乡村

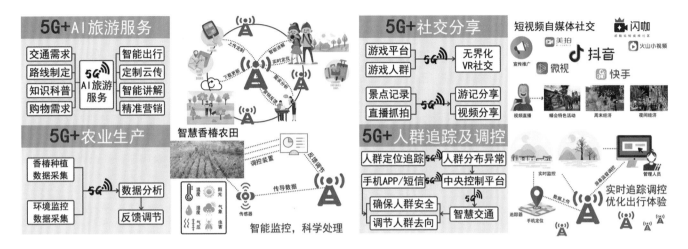

5G+AI旅游服务

交通需求		智能出行
路线制定	5G AI旅游服务	定制云传
知识科普		智能讲解
购物需求		精准营销

5G+农业生产

智慧香椿农田

| 香椿种植数据采集 | | 数据分析 |
| 环境监控数据采集 | 5G | 反馈调节 |

温度 阳光 湿度 气象 气压 虫害

传感器　调控装置　反馈调节　传导数据

智能监控，科学处理

5G+社交分享

游戏平台		无界化
游戏人群	5G	VR社交
景点记录		游记分享
直播抓拍	5G	视频分享

5G+人群追踪及调控

人群定位追踪	5G	人群分布异常
手机APP/短信	5G	中央控制平台
确保人群安全		智慧交通
调节人群去向	5G	

短视频自媒体社交

闪咖　美拍　火山小视频　微视　抖音　快手

视频直播　幡会特色活动　周末经济　夜间经济

实时监控　数据上传　手机定位　追踪器　实时追踪调控　优化出行体验

产业发展——运营模式设计

利用杂志、媒体推广千军台村品牌，扩大影响力

媒体营销策略：运用新技术建立虚拟景区，对旅游产品、路线等进行推荐，并与旅游网站合作，发布旅游信息、推介公园主题活动等，提高影响力；热点事件营销策略：宣传旅游产品及服务，幡会文化与其他行业通过产品和活动结合，扩大企业和千军台村的影响规模。

摄影展

开发幡会古道游线、吉祥物等特色生态旅游产品，扩大创收能力

建立全方位的品牌宣传推广机制，增加幡会古道游线的知名度，公开征集国际一流创意设计机构设计LOGO、CI等，持续举办京西古幡会，并创办"京西古幡会融媒体"等传播品牌。

季节性植物LOGO征集

突出本地幡会文化特色，打造游客体验本地文化的重要目的地

深入发掘现有幡会文化内涵，通过视觉（指示牌、LOGO、VR等）、听觉（不同区域设置不同背景音乐）、嗅觉（花香）、味觉（餐饮）、触觉（科普、DIY、体验）等多方位感官刺激与身心体验，丰富千军台村活动项目，完善体验设施，升级解说服务系统，对从业人员进行系统培训，提升服务水平。

热点营销+主题活动

策划元宵幡会特色活动，激活夜间经济和周末经济，增加盈利

扩大旅游产业链，吸引周边省市游客，提高餐饮业收入并丰富旅游产品；开展夜游产品项目，增加灯展，拉动旅游消费；根据不同花历开展不同活动，例如举办摄影大赛、知识竞赛等，吸引游人注意，帮助他们增长植物知识。

夜游+花展

夜游+商业街+小吃街

河南城建学院

○ 燕返 初来 语 更新——基于"健康+"理念的北京市清水镇燕家台村
更新设计

○ 山涧西风 沿河古城——基于"五态融合"理念的北京市斋堂镇沿河
城村更新设计

燕返 初来 语 更新
——基于"健康+"理念的北京市清水镇燕家台村更新设计

设计说明

场地位于北京市门头沟区清水镇燕家台村，地处百花山风景区，北部为龙门涧景区。依托《北京城市总体规划（2018年—2035年）》中京西乡村发展战略之门头沟区战略定位、清水镇发展策略，设计融入"健康+理念"，对村庄人居环境以及产业进行更新改造，打造文创体验、养老度假、核心保护、山地步道等区域，满足多元人群需求，构建活力、健康、生态的文化乡村。

指导教师

刘会晓

教师简介： 刘会晓，河南城建学院副教授，国家注册城乡规划师，从教20年。

教师感言： 乡村有机更新，是新时期城乡居民高品质生活的需要，是乡村价值高水平再造的需要，也是乡村振兴高质量发展的需要，对实现乡村地区经济、社会和生态的协同发展具有重要的意义。此次联合毕业设计在乡村原有基础上，通过对乡村空间布局、生态环境、基础设施、产业体系等物质形态的有机更新，以及对历史文化、精神素养、文明乡风和乡村治理体系等非物质形态的有机更新，期望为京西地区乡村高质量发展建言献策。

刘洁

教师简介： 刘洁，女，汉族，河南城建学院建筑与城市规划学院教师，硕士研究生，助教，国家注册城乡规划师。主要研究方向为城市详细规划、城市设计、乡村规划等。

教师感言： "京内高校美丽乡村有机更新"联合毕业设计为参加院校师生提供了充分的交流、研讨和学习的机会。各个设计团队以其深厚的学科底蕴、浓厚的人文情怀，创作出了各具特色的设计成果。此次联合毕业设计让我们增长了见识，看到了不足，增进大家专业知识的同时，加深了兄弟院校间师生的友谊。在此感谢所有参赛院校师生、外请专家的点评交流，以及主办方北京建筑大学的悉心安排和组织。

小组成员

李佳乐

学生感言： 通过参加这次关于"一线四矿"及京西古道发展的联合毕业设计，我深深地感受到传统村落及历史遗迹对于城市和乡村发展的重要性。文物古迹是历史长河中的记忆，我们有必要将它们与现代的发展、经营模式相结合，让它们焕发出新的活力，从而让更多人了解历史文化、传承经典习俗。各位老师为我们的方案提出了宝贵意见，这对我们以后的发展有很重要的意义。非常荣幸能够参与此次联合毕业设计，谢谢各位老师！

赵金方

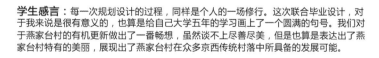

学生感言： 每一次规划设计的过程，同样是个人的一场修行。这次联合毕业设计，对于我来说是很有意义的，也算是给自己大学五年的学习画上了一个圆满的句号。我们对于燕家台村的有机更新做出了一番畅想，虽然谈不上尽善尽美，但也算是表达出了燕家台村特有的美丽，展现出了燕家台村在众多京西传统村落中所具备的发展可能。

赵硕

学生感言： 毕业设计对我而言，是检测我大学学习情况的最终考核。在本次联合毕业设计过程中，我最大的收获就是，通过不同的地域和文化角度，对乡村规划和村庄更新设计有了更加深入的理解。人文资源和文化内涵将在这个温饱富足的时代逐渐引领精神生活，乡村也将以一个全新的面貌、全新的身份、全新的角度来融入人们的生活。聚落本就是人起源的载体，更是人类文化的载体，它本就不应该衰败，而应该以全新的姿态融入新时代，这对于规划师来说任重而道远，我会勇敢地承担责任并接受挑战！

燕返 初来 语 更新

——基于"健康+"理念的北京市清水镇燕家台村更新设计

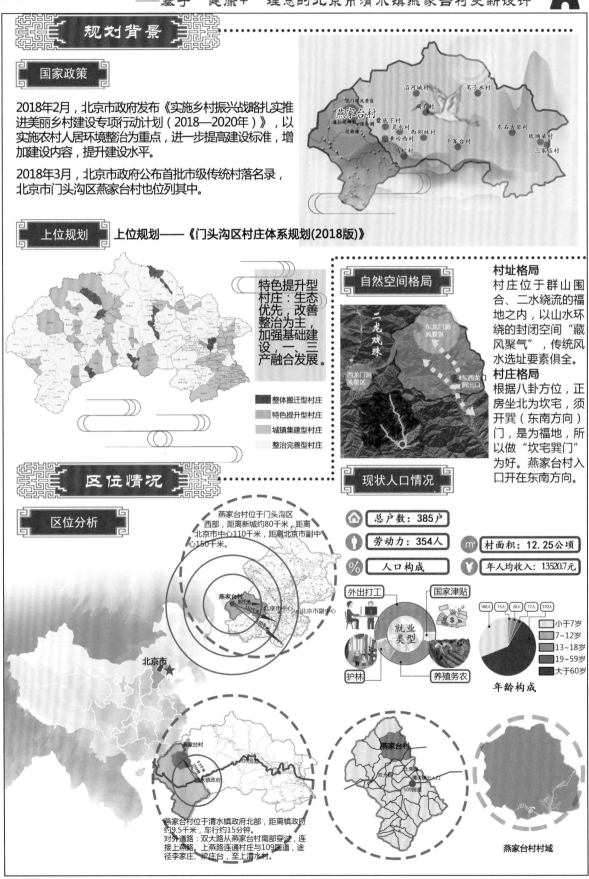

规划背景

国家政策

2018年2月，北京市政府发布《实施乡村振兴战略扎实推进美丽乡村建设专项行动计划（2018—2020年）》，以实施农村人居环境整治为重点，进一步提高建设标准，增加建设内容，提升建设水平。

2018年3月，北京市政府公布首批市级传统村落名录，北京市门头沟区燕家台村也位列其中。

上位规划

上位规划——《门头沟区村庄体系规划(2018版)》

特色提升型村庄：生态优先，改善整治为主，加强基础建设，一二三产融合发展。

■ 整体搬迁型村庄
■ 特色提升型村庄
■ 城镇集建型村庄
□ 整治完善型村庄

自然空间格局

二龙戏珠

村址格局
村庄位于群山围合、二水绕流的福地之内，以山水环绕的封闭空间"藏风聚气"，传统风水选址要素俱全。

村庄格局
根据八卦方位，正房坐北为坎宅，须开巽（东南方向）门，是为福地，所以做"坎宅巽门"为好。燕家台村入口开在东南方向。

区位情况

区位分析

燕家台村位于门头沟区西部，距离新城约80千米，距离北京市中心110千米，距离北京市副中心150千米。

北京市

燕家台村位于清水镇政府北部，距离镇政府约9.5千米，车行约15分钟。
对外道路：双大路从燕家台村南部穿过，连接上燕路。上燕路连通村庄与109国道，途径李家庄、梁庄台，至上清水村。

现状人口情况

总户数：385户
劳动力：354人
村面积：12.25公顷
人口构成
年人均收入：13520.7元

就业类型：外出打工、国家津贴、护林、养殖务农

年龄构成：小于7岁、7~12岁、13~18岁、19~59岁、大于60岁
188人　15人　20人　17人　370人

燕家台村村域

燕返 初来 语 更新

—— 基于"健康+"理念的北京市清水镇燕家台村更新设计

村落面貌

燕家台

晕驾台 二龙台

张仙洞圣泉庵

天生一个仙人洞 无限风光在险峰

京西古村落

间或龙吟虎啸 隐约鸟语蝉鸣令啾啭

龙门涧风景区

五道庙

竖立天兵将五道 横扫地鬼守一电

通仙观碑刻

山深地僻 侍向栖西 通仙处

文物保护单位
通仙观碑刻

关帝庙

关帝神临庙月曲 阴阳乐晓摩烟收

门头沟水圈门流
圈门上筑过街楼

过街楼

45号

158号

177号

179号

历史沿革

中古帝朝   商   周   辽、宋

宛永古门平定道头枪河孤沟炮边烟里古多万水城少马流斋事啼西。

1万年前的古老部落，灵山周围的炎黄大战中斩杀蚩尤的战争，齐家庄、燕家台等古老邑落为当时黄帝初都黄帝城的辖区。

商代，清水镇域已进入奴隶社会，齐家庄、燕家台等古聚落已初步形成山间小"城市"性质的邑落。西龙门涧内出土的商代贝币就是佐证。

周代，在古堰国存在的情况下，周天子封召公于北燕，今燕家台曾称堰家台。

辽统和十年（992年），清水双林寺经幢记载，燕家台已成村，有燕性之人居住。公元1005年，宋、辽订立"澶渊之盟"后，清水镇域、斋堂川、京西和燕云地区的大部分村庄发展起来。

元   明   清   抗战时期   20世纪80年代后

明朝加强内长城建设，将天津关指挥机构设于燕家台，村中不少人先祖即是军兵之后，如秀才陈万全一门。

光绪初年，斋堂东北山人王金度编纂《齐家司志略》，该书是清水镇及门头沟区最早的一部志书。

1942年9月，日寇在燕家台建立了根据点。村庄周边古迹大部分遭损毁。

龙门涧风景区的开放，带动周边村庄的发展，燕家台发展迅速。

忽必烈进入幽州地区大开杀戒，人们逃离、迁徙，清水镇及整个斋堂川人口锐减。元定都北京后，清水镇及斋堂川的里、社、村屯又得以恢复。燕家台开始有正史记载。

燕返 初来 语 更新

—基于"健康+"理念的北京市清水镇燕家台村更新设计

现状综合评价

生态评价

东龙门洞
西龙门洞
二龙台

此处位于群山围合、二水绕流的福地之内，以山水环绕的封闭空间"藏风聚气"，传统风水选址要素俱全。

生态为前提

生态为底 生态学习

文化评价

燕家台村内的龙门洞、石柱、水潭以及千姿百态的岩石造型形成了"北方的地质博物馆"。地势险要的燕家台自古便是兵家的必争之地。

文化含底蕴

文化传承 文化学习

燕家台村是戏曲之乡，早在明代这里就有了戏班。将河北老调与山西梆子相融合，形成了独有的燕家台山梆子戏。

产业评价

农业主要发布在村庄周边，种植玉米、黄豆，自产自用；山上发展林业主要种植苹果树、杏树、核桃树等。

产业助生活

产业复兴 产业学习

村内自然及人文景观丰富，先后获得"京西古村落""中国传统村落"之称。

生活评价

燕家台村公共服务设施相对完善，少量闲置中。村内道路缺乏绿化，少数路旁有垃圾堆积。

燕家台村现状院落总数为272个，院落延续西山山地传统民居的特点，布局形制较为严谨，多为四合院、三合院和二进院，还有少量杂院。

生活有丰富

社会丰富 生活学习

燕返 初来 语 更新

—— 基于"健康+"理念的北京市清水镇燕家台村更新设计

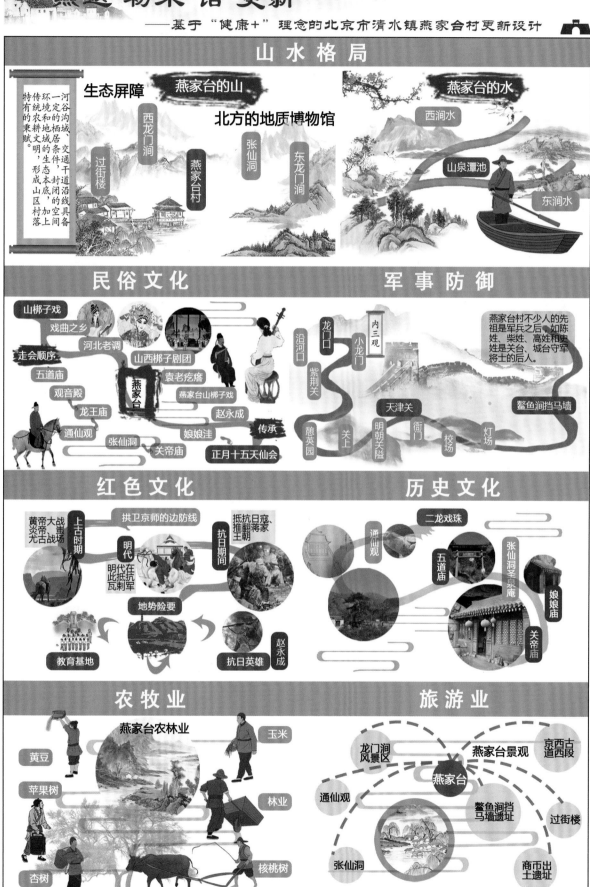

山水格局

特有传统的秉承文明，赋予一河传域沟域、地域交通封闭的农和的沟域、栖居条件，生态本底加上空间，形成山区村落。

生态屏障

燕家台的山

北方的地质博物馆

西龙门洞　过街楼　燕家台村　张仙洞　东龙门洞

燕家台的水

西涧水　山泉潭池　东涧水

民俗文化

山梆子戏　戏曲之乡　河北老调　走会顺序　五道庙　观音殿　龙王庙　通仙观　张仙洞　关帝庙

山西梆子剧团　袁老疙瘩　燕家台山梆子戏　赵永成　娘娘洼　正月十五天仙会　燕家台　传承

军事防御

燕家台村不少人的先祖是军兵之后，如陈姓、柴姓、高姓和史姓是关台、城台守军将士的后人。

沿河口　龙门口　小龙门　内三观　紫荆关　天津关　鳌鱼涧挡马墙　憩英园　关上　明朝关隘　衙门　校场　灯场

红色文化

黄帝大战蚩尤古战场　黄帝炎帝尤古战场　上古时期

拱卫京师的边防线　明代　明代在此抵抗瓦剌军　地势险要

抵抗日寇、推翻蒋家王朝　抗日期间　赵永成

教育基地　抗日英雄

历史文化

二龙戏珠　通仙观　五道庙　张仙洞圣泉庵　娘娘庙　关帝庙

农牧业

燕家台农林业

黄豆　苹果树　杏树　玉米　林业　核桃树

旅游业

龙门涧风景区　燕家台景观　京西古道西段　通仙观　燕家台　鳌鱼涧挡马墙遗址　过街楼　张仙洞　商币出土遗址

燕返 初来 语更新

——基于"健康+"理念的北京市清水镇燕家台村更新设计

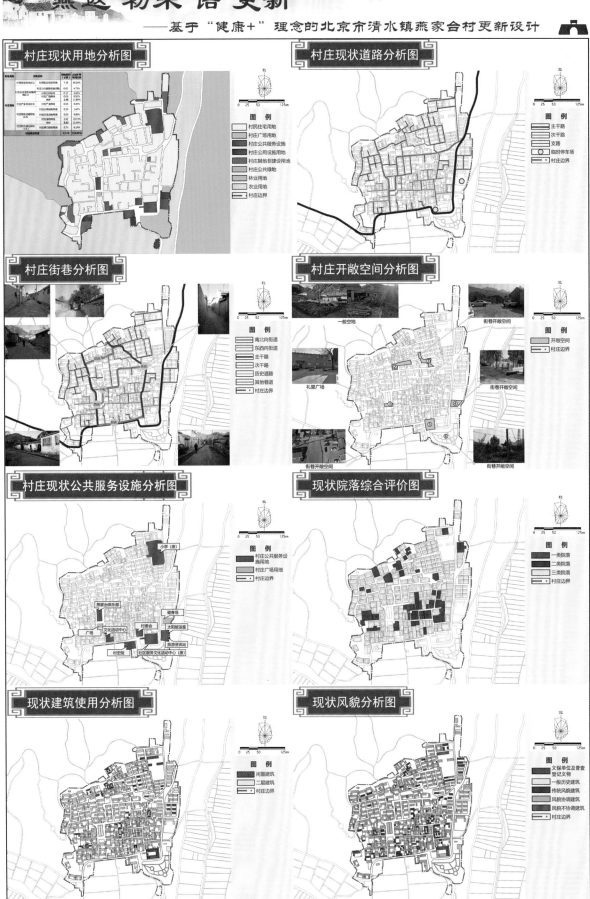

燕返 初来 语更新

——基于"健康+"理念的北京市清水镇燕家台村更新设计

■上位规划分析——《北京城市总体规划(2016年—2035年)》

提出"一核一主一副、两轴多点一区"空间结构;门头沟区作为首都西部重点生态保育及区域生态治理协作区,绿色成为发展主旋律。

门头沟

■上位规划分析——门头沟区对清水镇的定位

功能定位:生态运动休闲小镇。

主导产业:生态旅游、山地运动、精品农业。

特色风貌:山水田园、旅游小镇。

清水镇属于门头沟区的特色山地运动旅游休闲区,其定位属于**生态运动、山地运动、精品农业**。

■上位规划分析——清水镇总体规划

城镇发展定位:北京山水文化旅游镇、京西高端山地旅游休闲度假目的地。

城镇形象定位:青翠、清新、清静、清凉。

城镇核心产业:以山地旅游休闲度假、文化创意产业为支撑的"1+3"产业架构,打造独具山地特色的京西高端旅游休闲度假目的地。

■相关规划分析——体育小镇

清水镇是国家体育总局从全国选定的96个体育小镇之一。

试点项目要突出体育主题,建设覆盖面广的室内外运动休闲场地设施,布局多个运动休闲项目,满足不同人群的健身休闲需求。

至少要具备一个突出的运动项目特色。要把健身休闲与旅游、文化、康养、教育培训等项目融合起来,形成产业链、服务圈。

"1+3"产业架构

休闲度假产业	矿山生态旅游产业	山地运动产业	康养养生产业	观光旅游产业

山地旅游休闲度假产业

大地艺术展示	农游产品信息交易	特色种植养殖观光
艺术家创作基地	农游产品信息交流	特色农家餐饮
民俗文化体验	农游产品研发展示	特色乡村壹线
文化艺术演出	农游产品深加工及销售	农耕体验教育

文化创意产业 | **农游产品服务业**

理上位

■《门头沟区旅游产业发展空间规划(2016—2020年)》

自然资源:龙门涧峡谷。

人文资源:传统村落、红色文化、名人故居、古道文化(位于京西古道西侧的西奚古道)。

区域景区规划:位于百花山—灵山组团。

燕家台

燕家台村

■京西传统村落群规划

北京乃至京津冀地区独一无二的传统村落群

不同区域的传统村落形成代表着一定的文化特征,或是集多种文化于一身。

古道商旅文化
农耕文化
科举文化 → **燕家台**
宗教文化
军事文化

- 中国传统村落
- 中国传统村落、北京市传统村落、国家级历史文化名村
- 北京市传统村落

传统村落情况分析图

燕家台村

■清水镇对燕家台村的定位

特色提升型村庄:生态优先、改善整治为主、加强基础建设、一三产融合发展。

■燕家台村生态发展要素规划

培育内生活力,彰显生态价值:促进山区**特色生态农业与旅游休闲服务融合发展**。依托资源特色和发展基础,**适度承接与绿色生态发展相适应的科技创新、国际交往、会议会展、文化服务、健康养老**等部分功能,形成**文化底蕴深厚、山水风貌协调**、宜居、宜业、宜游的绿色发展示范区。

图例

- 整体搬迁型村庄
- 特色提升型村庄
- 城镇集建型村庄
- 整治完善型村庄

燕家台村

- 生态保护红线
- 生态控制线
- 村庄建设用地
- 公路用地
- 农业用地
- 其他非建设用地

燕返 初来 语 更新

——基于"健康+"理念的北京市清水镇燕家台村更新设计

■**门头沟国家步道系统规划二级转运站、二级旅游咨询中心。**清水龙门涧登山步道及沿长城中道从村域交叉穿过，亦是门头沟西部较为重要的步道节点。

具体职能：旅游片区的转运节点，具备路线的转运、管理功能，为游客深入步道的必经节点、景区的休憩点及景点重要资讯的提供点。

—— 京西古商旅道国家历史步道
—— 永定河国家综合步道
—— 沿长城国家历史步道
—— 妙峰山区域历史步道
—— 百花山—灵山区域自然步道

一级旅游咨询中心
二级旅游咨询中心
三级旅游咨询中心

一级转运站
二级转运站

规划目标

京西燕家台，健康山水涧

全民健康乡村
龙门涧山地休闲体育基地
京西文化旅游研学基地
精品农业乡村

理念策略

融入"**健康+**"理念，结合龙门涧风景区

打造一个"**健康乡村生活圈**"

以京西山水生态为基底，以龙门涧风景区为吸引力，以健康生活、文旅休闲、康养度假、山地运动大健康为主导，融合燕家台村特色文化展示、情景体验、乡村研学、科普教育、山地休闲等多种功能于一体。

燕返 初来 语 更新

—— 基于"健康+"理念的北京市清水镇燕家台村更新设计

策略一：健康+生产，打造特色康养服务

依托现有自然资源、龙门涧风景区资源

主题多元、体验丰富的旅游路径

自然研学游线	健康颐养体验	特色文化研学

| | | 红色文化体验游线 | 精神建设体验游线 |

依托燕家台村的自然农业和自然风光，打造自然研学游线

就暖心窝健康体系打造健康生活环境，倡导健康生活方式

依托燕家台村丰富文化底蕴打造京西特色文化体验路线

策略二：健康+生活，打造养生养老服务村庄

以"健康生活"为理念，构建完备的健康度假服务设施及体系

运动疼痛损伤调理

营养学
中医调理
运动医学
运动康复学
运动生理学
免疫医学
理疗学
……

体态评估及调理

专属疗养按摩

健康生活建议

策略三：健康+生态，有效保护运用京西生态资源

以"体育运动、健康颐养、休闲度假"为方向，整合农业、文化、旅游、运动四大板块，保护利用村域生态资源

生态农田瑜伽

山涧风光
体育运动
农耕研学
文创伴手礼
果园茶舍
古道研学课堂
京西文化课堂
……

度假特色民宿

京西文化研学市集

原乡食堂

燕返 初来 语 更新

—— 基于"健康+"理念的北京市清水镇燕家台村更新设计

策略分析

"健康+"产业构建——产业与经济健康发展

健康产业节点打造 → 健康产业资源网络 → 升级产业链条

梳理村庄各个产业布局资源点，串联各级产业，加强产业关联

健康产业空间设计 → 健康产业空间布局 → 串联村内街巷组织

以点串线，以线及面，形成燕家台村特色艺术空间网络，发扬传统文化

- 森林氧吧
- 文旅研学路线规划
- 体育步道
- 梯田作物种植
- 艺术田园产业
- 文化活动空间

健康产业

龙门涧风景区

"健康+"配套与治理——政府导治 村民自治 平台数治

健康设施空间打造 → 健康设施空间网络 → 设施服务水平

在村庄范围布局健康设施，形成网络，为居民提供健康服务

健康体系综合治理 → 数字平台架构 → 治理体系空间落实

空间层次上落实治理体系，包括各层级治理主体和数字平台

乡风文明 治理有数

- 健康颐养游园
- 政务公开展览
- 智慧枢纽节点
- 山梆子剧场
- 公共活动大剧场
- 暖心窝疗养院
- 健身活动场

"健康+"人居营造——文脉与人居空间相生相和

健康生态策略 → 节点空间化 → 塑造"山、水、林、草、村"格局

提取景观空间内涵，打造景观整体格局

健康空间策略 → 要素组团化 → 穿点成线，织线成面

空间特色要素化，各个节点特色化

- 山林组团
- 滨河组团
- 特色民俗组团
- 特色体验组团
- 乡创农田组团

山林修复 水系疏通 空间梳理

健康人居环境

客群分析

健康主题的旅游打造主要围绕三类人群

休闲 自然 文化 康养 运动 文创 宜居

- Z世代：年轻、有活力、追求新奇的青少年和儿童
- 新中产：追求品质、高学历、高收入的中产人群
- 活力老年：有钱、有闲、健康、有活力的老年群体

鸟瞰图

阳春布德泽，万物生光辉

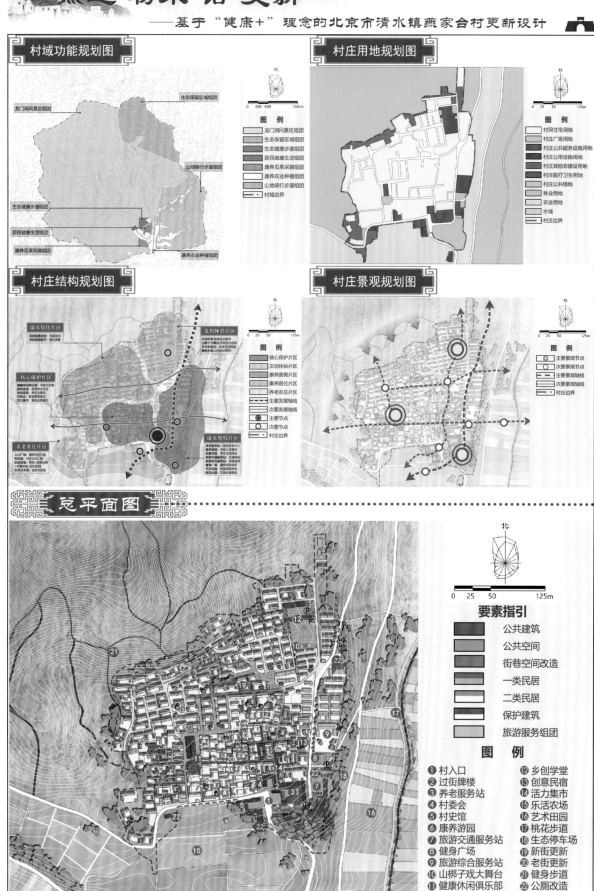

燕返 初来 语 更新

——基于"健康＋"理念的北京市清水镇燕家台村更新设计

村域功能规划图

村庄用地规划图

村庄结构规划图

村庄景观规划图

总平面图

要素指引

- 公共建筑
- 公共空间
- 街巷空间改造
- 一类民居
- 二类民居
- 保护建筑
- 旅游服务组团

图 例

1. 村入口
2. 过街牌楼
3. 养老服务站
4. 村委会
5. 村史馆
6. 康养游园
7. 旅游交通服务站
8. 健身广场
9. 旅游综合服务站
10. 山梆子戏大舞台
11. 健康休闲俱乐部
12. 乡创学堂
13. 创意民宿
14. 活力集市
15. 乐活农场
16. 艺术田园
17. 桃花步道
18. 生态停车场
19. 新街更新
20. 老街更新
21. 健身步道
22. 公厕改造

燕返 初来 语 更新
——基于"健康+"理念的北京市清水镇燕家台村更新设计

村庄步道规划

村庄慢行步道规划图

红色文化学习
至龙门涧风景区
山地养生步道
乡创学堂
健体文创步道
纪念品售卖
农家乐体验
戏曲欣赏
养生新街
养生度假民宿
文化传承慢道
健康养生步道
综合服务站
艺术田园摄影
中医大讲堂
桃花步行慢道
古民居
古民居
古树名木
古民居参观
健身广场体验
康养老街
古民居参观
门楼碑刻广场
养老服务站
交通服务站
村史馆学习
康养游园
乐活农场体验
康养田园慢道
蔬果采摘体验

北

0　25　50　125m

图 例

- 健康养生步道
- 康养田园慢道
- 健体文创步道
- 文化传承慢道
- 村庄边界

村庄慢骑步道规划图

至龙门涧风景区
龙门涧风景区步道
至龙门涧风景区
上燕路
至清水镇旅游服务站

北

0　25　50　125m

图 例

- 骑行慢道环线
- 骑行慢道支线
- 自行车租赁点
- 村庄边界

燕返 初来 语 更新
——基于"健康+"理念的北京市清水镇燕家合村更新设计

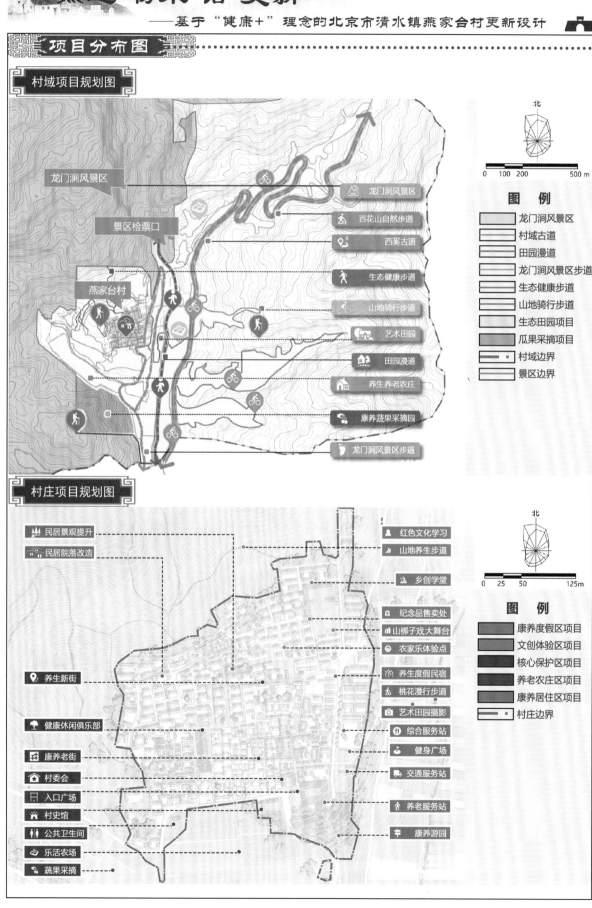

项目分布图

村域项目规划图

龙门涧风景区

景区检票口

燕家台村

图例

- 龙门涧风景区
- 百花山自然步道
- 西奚古道
- 生态健康步道
- 山地骑行步道
- 艺术田园
- 田园漫道
- 养生养老农庄
- 康养蔬果采摘园
- 龙门涧风景区步道

北

0 100 200 500 m

图例

- 龙门涧风景区
- 村域古道
- 田园漫道
- 龙门涧风景区步道
- 生态健康步道
- 山地骑行步道
- 生态田园项目
- 瓜果采摘项目
- 村域边界
- 景区边界

村庄项目规划图

- 民居景观提升
- 民居院落改造
- 养生新街
- 健康休闲俱乐部
- 康养老街
- 村委会
- 入口广场
- 村史馆
- 公共卫生间
- 乐活农场
- 蔬果采摘

- 红色文化学习
- 山地养生步道
- 乡创学堂
- 纪念品售卖处
- 山梆子戏大舞台
- 农家乐体验点
- 养生度假民宿
- 桃花漫行步道
- 艺术田园摄影
- 综合服务站
- 健身广场
- 交通服务站
- 养老服务站
- 康养游园

北

0 25 50 125m

图例

- 康养度假区项目
- 文创体验区项目
- 核心保护区项目
- 养老农庄区项目
- 康养居住区项目
- 村庄边界

燕返 初来 语 更新

—— 基于"健康+"理念的北京市清水镇燕家台村更新设计

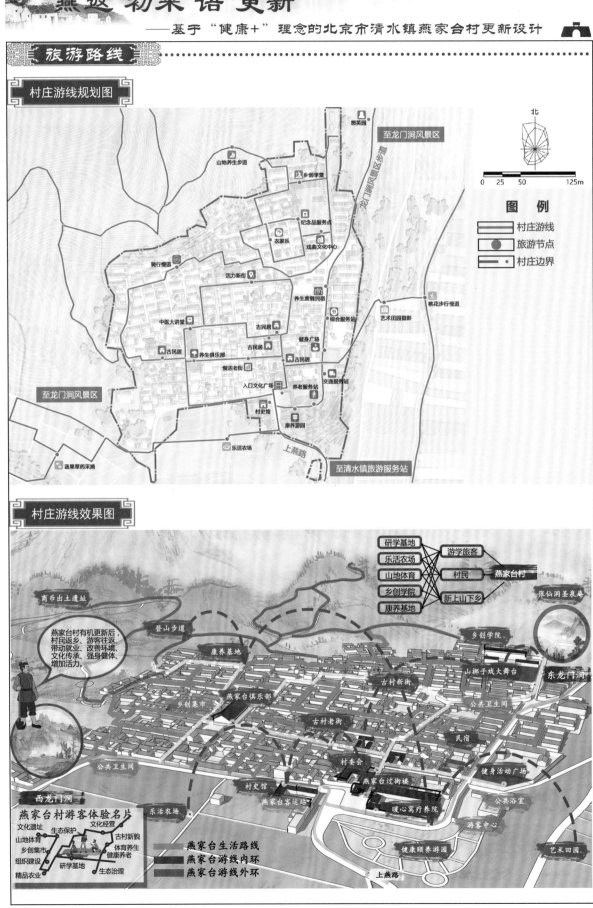

燕返 初来 语 更新

—— 基于"健康+"理念的北京市清水镇燕家台村更新设计

研学基地

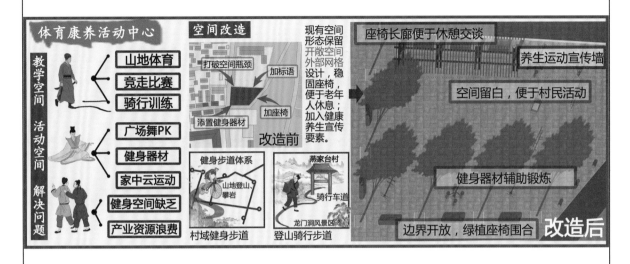

燕返 初来 语 更新

—— 基于"健康+"理念的北京市清水镇燕家台村更新设计

龙门涧风景区步道更新

N

公共厕所

休憩空间 · 形象街道

原乡食堂 · 游客服务大厅 · 旅游服务站点

儿童乐园 · 跑步园路 · 康养游园

七彩田园 · 艺术小品 · 观赏摄影 · 田园步道 · 艺术观光田园

游客中心改造

场地现状 → 改造前平面图 → 改造后平面图

效果图

场地划分增加绿地景观
设停车位满足停车需求
浴室将置换为原乡食堂
突出村庄特色饮食文化

燕返 初来 语 更新

——基于"健康+"理念的北京市清水镇燕家合村更新设计

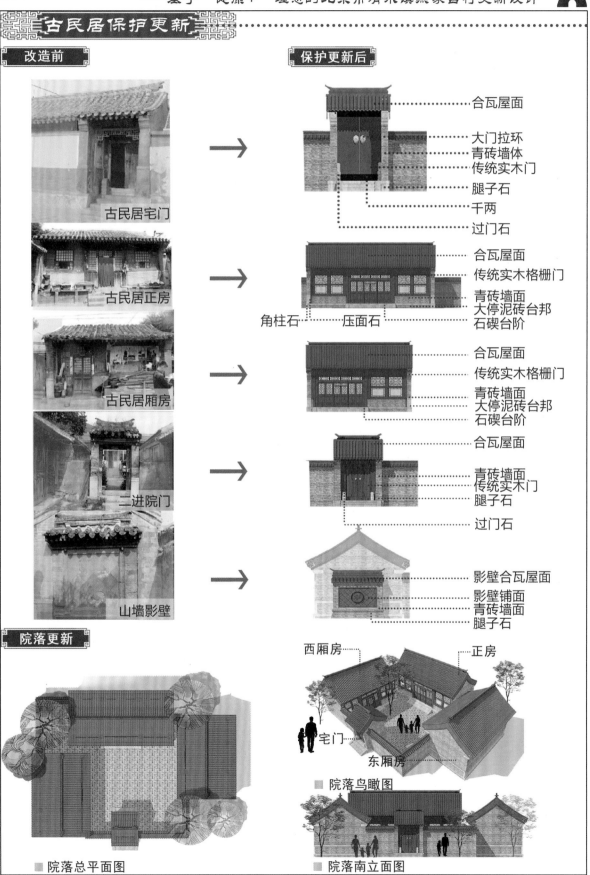

古民居保护更新

改造前

古民居宅门

古民居正房

古民居厢房

二进院门

山墙影壁

保护更新后

合瓦屋面
大门拉环
青砖墙体
传统实木门
腿子石
千两
过门石

合瓦屋面
传统实木格栅门
青砖墙面
大停泥砖台邦
石碌台阶
角柱石   压面石

合瓦屋面
传统实木格栅门
青砖墙面
大停泥砖台邦
石碌台阶

合瓦屋面
青砖墙面
传统实木门
腿子石
过门石

影壁合瓦屋面
影壁铺面
青砖墙面
腿子石

院落更新

■ 院落总平面图

西厢房   正房
宅门
东厢房

■ 院落鸟瞰图

■ 院落南立面图

167

燕返 初来 语 更新

—— 基于"健康+"理念的北京市清水镇燕家台村更新设计

古民居保护更新

结构更新

传统清水脊
青合瓦屋顶
100×100木椽
屋顶防水板
外加封檐板
木构架梁柱
传统实木格栅门

材质更新

青砖墙

青瓦

木构架木材

毛石

内墙抹灰

门墩石材

木质门板

青砖铺装

院落梳理

1.正房带东厢　　2.正房带西厢

3.三合院　4.四合院

5.二进院落Ⅰ　　6.二进院落Ⅱ　　7.并联院落（只有两座）

> 燕家台村传统院落多为三合院和四合院，以及二进院落，村中只有两座并联院落。

院落更新

现代院落

拆除
拆除部分破坏院落肌理的私自搭建构筑物，还原传统院落格局

增加
增加院落中破碎严重或已消失的建筑，围合成完整院落

传统院落

改建
改建传统院落中已被私自重建但不符合传统风貌的建筑

保留
保留传统院落中加建的风貌良好具有纪念意义的建筑物或构筑物

合并
合并相邻两个风貌破坏严重、建筑缺失的院落来组织公共空间

修缮
根据传统院落保护规划，修缮传统院落的院落空间和植入景观

燕返 初来 语 更新

—— 基于 "健康＋" 理念的北京市清水镇燕家台村更新设计

老街更新

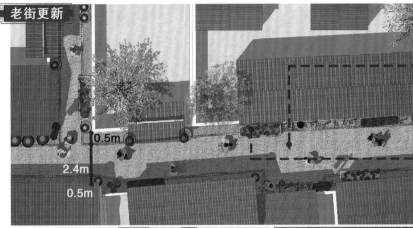

0.5m
2.4m
0.5m

"老街"位置
健康元素融入

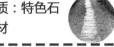
材质：特色石板材

对村庄现状石板路进行平整美化，更新材质。

景观植入：健康小景

就地取材，对道路空间进行美化，涵养水分。

文化要素：文化墙雕

展示村庄文化古村落氛围，突出村庄文化特色。

健康融入：墙绘宣传

融入古法健康活动，如五禽戏和太极墙绘展示。

新街更新

"新街"位置
健活空间提升

空间植入：休憩空间，丰富景观

植入休憩空间，丰富街道空间层次，便于人们停留和休闲娱乐。

空间修补：更新闲置空间与设施

将闲置无序空间融入街道整体，增加棋牌等休闲健康设施。

空间更新：新兴健康元素

将新兴的健康生活理念和健康生活方式表达在街道空间立面。

健康提升：打造健康街道氛围

将街道各要素整合，同时打造浓郁的健康生活与运动氛围。

燕返 初来 语 更新

——基于"健康+"理念的北京市清水镇燕家台村更新设计

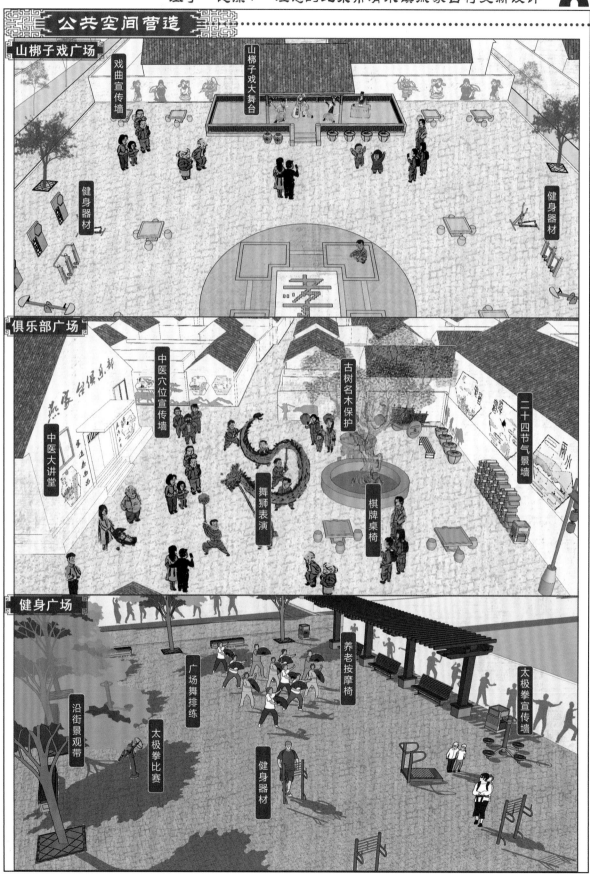

燕返 初来 语 更新
——基于"健康+"理念的北京市清水镇燕家台村更新设计

公共空间营建

入口广场 更新点：盘活广场功能，设置流动摊位承接市场功能，营造居民"乐居生活"。

村西街，街面宽，五道庙门口对南。
戏台楼高两丈三，坐南朝北年复年。
每逢佳节喜庆日，神鬼与人同台欢。

燕家台山梆子戏

二龙聚宅，文化燕村

生活地图

退休干部刘奶奶的一天

—7：00 早餐：豆汁儿

—7：30 公园散步

—8：30 健康护理

—10：00 门牌楼拍照

—10：30 参观村史馆

—11：00 参观老街坊

—11：30 午餐：原乡食堂享受纯天然美食

—13：30 艺术田园享受田园风光

—14：30 听一场燕家台腔的山梆子戏

—15：30 参观新街巷

—16：00 观赏舞狮表演

—16：30 和村民唠家常

—17：00 农场体验，和小朋友一起采摘

—18：00 晚餐：住处主人家的地道美食

—19：00 和村民一起跳广场舞

山涧溪风
沿河古城

——基于"五态融合"理念的北京市门头沟区斋堂镇沿河城村更新设计

设计说明

沿河城村位于北京市门头沟区斋堂镇，依托门头沟区的战略定位，本次设计采用五态融合的理念，从生态、形态、社态、文态和业态五个方面入手，打造传统乡村的旅游服务路线。

指导教师

赵玉凤　河南城建学院副教授，国家注册城市规划师

很荣幸参与这次联合毕业设计，这次传统乡村的更新设计使学生们积极向上，使老师们受益匪浅。

河南城建学院副教授　王大勇

小组成员

李霖俊

感谢赵玉凤、王大勇两位老师的指导，感谢小组成员的共同努力。这次联合毕业设计让我们受益匪浅，老师们的指导为我们进行传统乡村的更新设计提供了新的思路。很高兴这次毕业设计能够圆满完成，为五年的本科生活画上一个完美的句号。

周静

有幸能够参与本次的联合毕业设计，这是一次来之不易的机会，很感谢赵玉凤老师和王大勇老师对我们的悉心指导。对我来说，这不仅仅是一次很重要的毕业设计，更是一次检验自我、完善自我、提升自我的机会，在这个过程中得到的收获更是宝贵的知识财富，为开启新的方向铺设好道路。

卢向

在这次毕业设计中，同学之间相互帮助，使我们的同学关系更进一步。经过一个学期的努力，我们完成了毕业设计。感谢组长对我们的耐心解答，谢谢所有老师和同学，这次毕业设计让我们收获了许多。

山涧溪风 沿河古城

——基于"五态融合"理念的北京市门头沟区斋堂镇沿河城村更新设计

区位分析

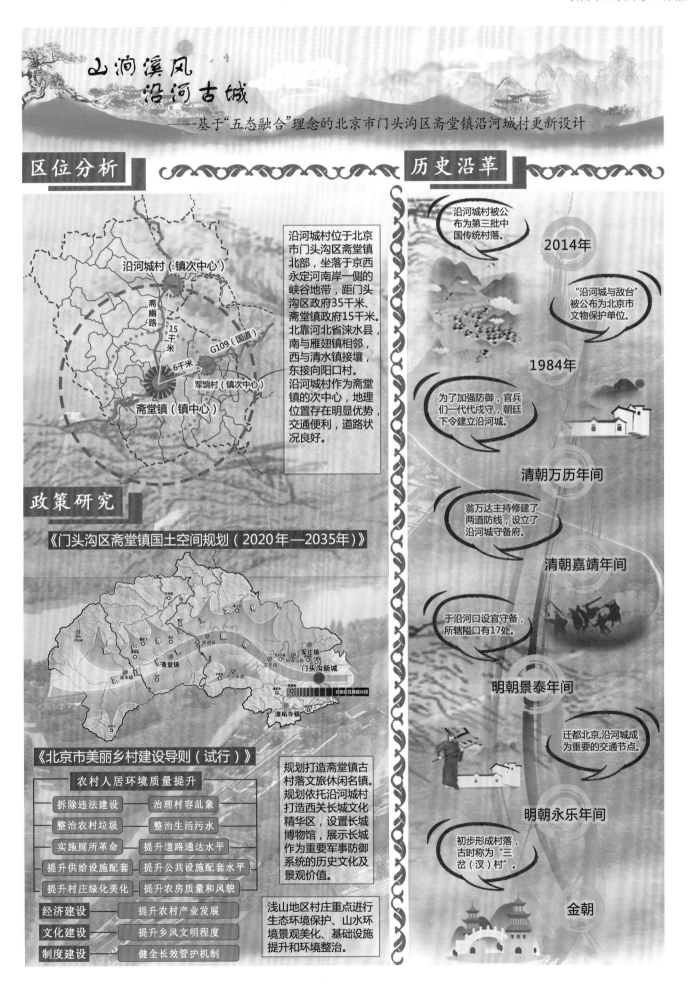

沿河城村（镇次中心）

斋幽路

15千米

6千米

G109（国道）

军饷村（镇次中心）

斋堂镇（镇中心）

沿河城村位于北京市门头沟区斋堂镇北部，坐落于京西永定河南岸一侧的峡谷地带，距门头沟区政府35千米、斋堂镇政府15千米。北靠河北省涞水县，南与雁翅镇相邻，西与清水镇接壤，东接向阳口村。沿河城村作为斋堂镇的次中心，地理位置存在明显优势，交通便利，道路状况良好。

政策研究

《门头沟区斋堂镇国土空间规划（2020年—2035年）》

规划打造斋堂镇古村落文旅休闲名镇。规划依托沿河城村打造西关长城文化精华区，设置长城博物馆，展示长城作为重要军事防御系统的历史文化及景观价值。

《北京市美丽乡村建设导则（试行）》

农村人居环境质量提升	
拆除违法建设	治理村容乱象
整治农村垃圾	整治生活污水
实施厕所革命	提升道路通达水平
提升供给设施配套	提升公共设施配套水平
提升村庄绿化美化	提升农房质量和风貌

经济建设	提升农村产业发展
文化建设	提升乡风文明程度
制度建设	健全长效管护机制

浅山地区村庄重点进行生态环境保护、山水环境景观美化、基础设施提升和环境整治。

历史沿革

沿河城村被公布为第三批中国传统村落。

2014年

"沿河城与敌台"被公布为北京市文物保护单位。

1984年

为了加强防御，官兵们一代代戍守，朝廷下令建立沿河城。

清朝万历年间

翁万达主持修建了两道防线，设立了沿河城守备府。

清朝嘉靖年间

于沿河口设官守备，所辖隘口有17处。

明朝景泰年间

迁都北京，沿河城成为重要的交通节点。

明朝永乐年间

初步形成村落，古时称为"三岔（汊）村"。

金朝

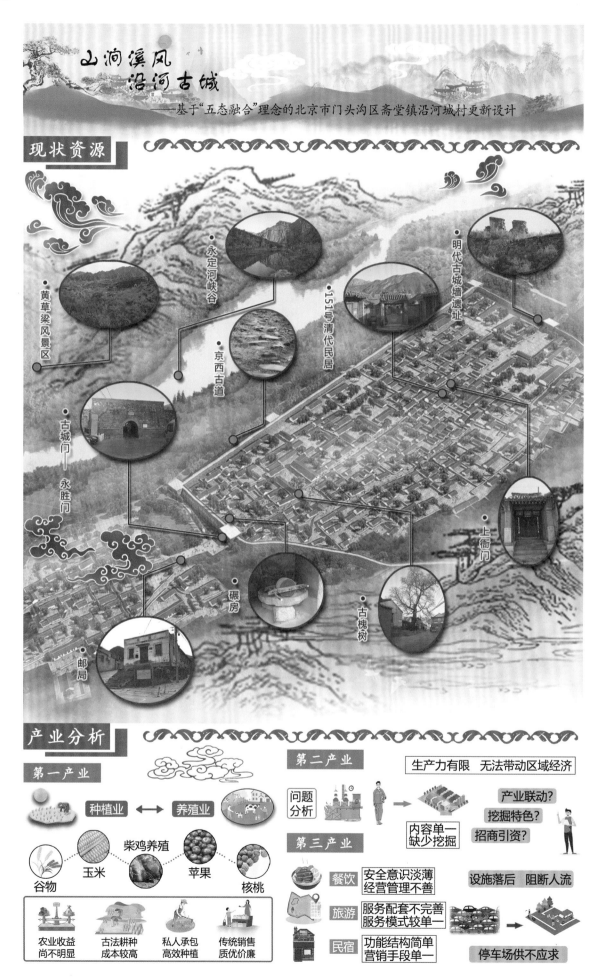

山涧溪风 沿河古城
——基于"五态融合"理念的北京市门头沟区斋堂镇沿河城村更新设计

现状资源

黄草梁风景区
永定河峡谷
京西古道
151号清代民居
明代古城墙遗址
古城门—永胜门
碾房
古槐树
上衙门
邮局

产业分析

第一产业

种植业 ↔ 养殖业

柴鸡养殖

谷物 — 玉米 — 苹果 — 核桃

| 农业收益尚不明显 | 古法耕种成本较高 | 私人承包高效种植 | 传统销售质优价廉 |

第二产业

问题分析

生产力有限　无法带动区域经济

内容单一缺少挖掘

产业联动？
挖掘特色？
招商引资？

第三产业

餐饮　安全意识淡薄 经营管理不善

旅游　服务配套不完善 服务模式较单一

民宿　功能结构简单 营销手段单一

设施落后　阻断人流

停车场供不应求

山涧溪风 沿河古城

——基于"五态融合"理念的北京市门头沟区斋堂镇沿河城村更新设计

生态分析

生态要素

山
群山环抱，村子位于太行山余脉的崇山峻岭之间，最高峰是与柏峪村相交的黄草梁顶峰。

林
林业资源丰富，森林密布于山中，山中环境幽静，空气清新，树木品种丰富。

水
依山傍水而居，水顺山势而行。永定河为村庄带来源源不断的水流、生机和发展。

草
植被生长于山体和水体附近，但未形成足够的丰茂景观。

地
地域面积为 81.2 平方千米，其中耕地面积88.4公顷，林地面积400公顷。

自然资源丰富，生态景观良好

山水格局

东岭

沿河城村

幽州大峡谷

东五里坡

西五里坡

永定河

屋坐山脚而尽 水顺山势而行

风水宝地 人杰地灵
依山傍水 钟灵毓秀

社会分析

人群结构

受教育
- 56% 小学及以下
- 32% 初中毕业
- 10% 高中毕业
- 2% 大学毕业

年龄结构
- 66% 60岁以上
- 44% 60岁以下

收入情况
- 49% 护林收入
- 30% 农业收入
- 10% 工资收入
- 9% 经营收入
- 2% 各类补贴

■ 老年人口
■ 常住人口

城镇化

老龄化问题严重，受教育水平不高

生活对比

村民　外来者

空间　外来者　村民　时间

村民	时间	外来者
起床	6:30	出发
手工	早上	写生
麻将	12:30	吃饭
看电视		爬山
跳舞	下午	拍照
散步		漫步体验
睡觉	20:30	回家

二者交集少 时空割裂

工作 vs 务农
村民困于自我设限

经济快速发展 vs 传统文化传承

乡土文化缺少传承

活动需求

人群	老年人			中年人		儿童
活动需求	居家	休憩	交流	工作	运动	学习
空间需求	村民住宅	广场亭台	公共服务设施	工坊农田	运动场	图书馆
现状	住宅、院落			工坊、田地		住宅、空地

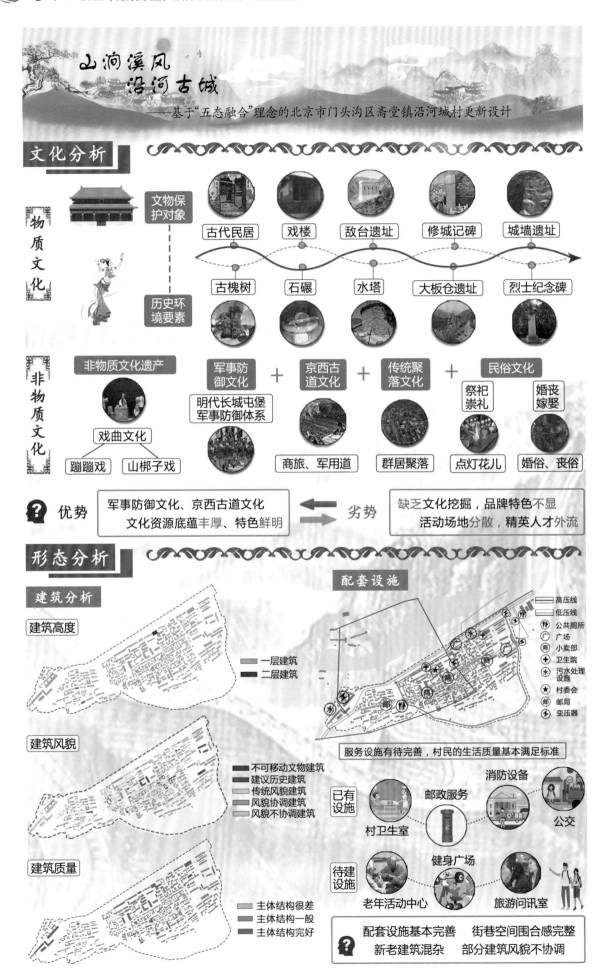

山涧溪风 沿河古城

——基于"五态融合"理念的北京市门头沟区斋堂镇沿河城村更新设计

文化分析

物质文化

文物保护对象

历史环境要素

古代民居　戏楼　敌台遗址　修城记碑　城墙遗址

古槐树　石碾　水塔　大板仓遗址　烈士纪念碑

非物质文化

非物质文化遗产

戏曲文化
蹦蹦戏　山梆子戏

军事防御文化
明代长城屯堡军事防御体系

＋

京西古道文化
商旅、军用道

＋

传统聚落文化
群居聚落

＋

民俗文化
祭祀崇礼　婚丧嫁娶
点灯花儿　婚俗、丧俗

优势 军事防御文化、京西古道文化
文化资源底蕴丰厚、特色鲜明

⬅ **劣势**

缺乏文化挖掘，品牌特色不显
活动场地分散，精英人才外流

形态分析

建筑分析

建筑高度
一层建筑
二层建筑

建筑风貌
不可移动文物建筑
建议历史建筑
传统风貌建筑
风貌协调建筑
风貌不协调建筑

建筑质量
主体结构很差
主体结构一般
主体结构完好

配套设施

高压线
低压线
公共厕所
广场
小卖部
卫生院
污水处理设施
村委会
邮局
变压器

服务设施有待完善，村民的生活质量基本满足标准

已有设施
村卫生室　邮政服务　消防设备　公交

待建设施
老年活动中心　健身广场　旅游问讯室

配套设施基本完善　街巷空间围合感完整
新老建筑混杂　部分建筑风貌不协调

山涧溪风 沿河古城

—基于"五态融合"理念的北京市门头沟区斋堂镇沿河城村更新设计

主题演绎

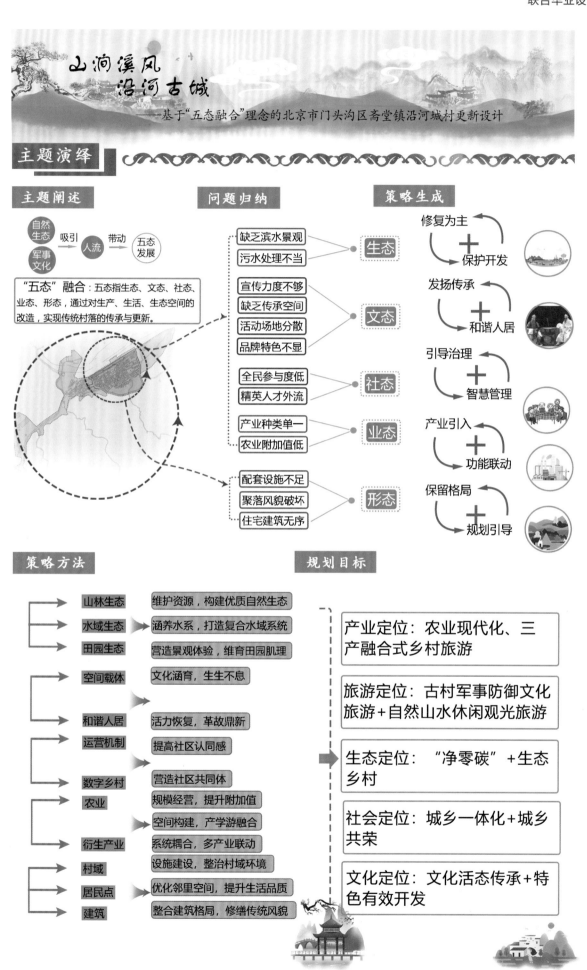

主题阐述

自然生态 ——吸引→ 人流 ——带动→ 五态发展
军事文化

"五态"融合：五态指生态、文态、社态、业态、形态，通过对生产、生活、生态空间的改造，实现传统村落的传承与更新。

问题归纳

- 缺乏滨水景观
- 污水处理不当
→ 生态

- 宣传力度不够
- 缺乏传承空间
- 活动场地分散
- 品牌特色不显
→ 文态

- 全民参与度低
- 精英人才外流
→ 社态

- 产业种类单一
- 农业附加值低
→ 业态

- 配套设施不足
- 聚落风貌破坏
- 住宅建筑无序
→ 形态

策略生成

修复为主 + 保护开发

发扬传承 + 和谐人居

引导治理 + 智慧管理

产业引入 + 功能联动

保留格局 + 规划引导

策略方法

- 山林生态 → 维护资源，构建优质自然生态
- 水域生态 → 涵养水系，打造复合水域系统
- 田园生态 → 营造景观体验，维育田园肌理

- 空间载体 → 文化涵育，生生不息

- 和谐人居 → 活力恢复，革故鼎新
- 运营机制 → 提高社区认同感
- 数字乡村 → 营造社区共同体
- 农业 → 规模经营，提升附加值
- 衍生产业 → 空间构建，产学游融合 / 系统耦合，多产业联动

- 村域 → 设施建设，整治村域环境
- 居民点 → 优化邻里空间，提升生活品质
- 建筑 → 整合建筑格局，修缮传统风貌

规划目标

产业定位： 农业现代化、三产融合式乡村旅游

旅游定位： 古村军事防御文化旅游+自然山水休闲观光旅游

生态定位： "净零碳"+生态乡村

社会定位： 城乡一体化+城乡共荣

文化定位： 文化活态传承+特色有效开发

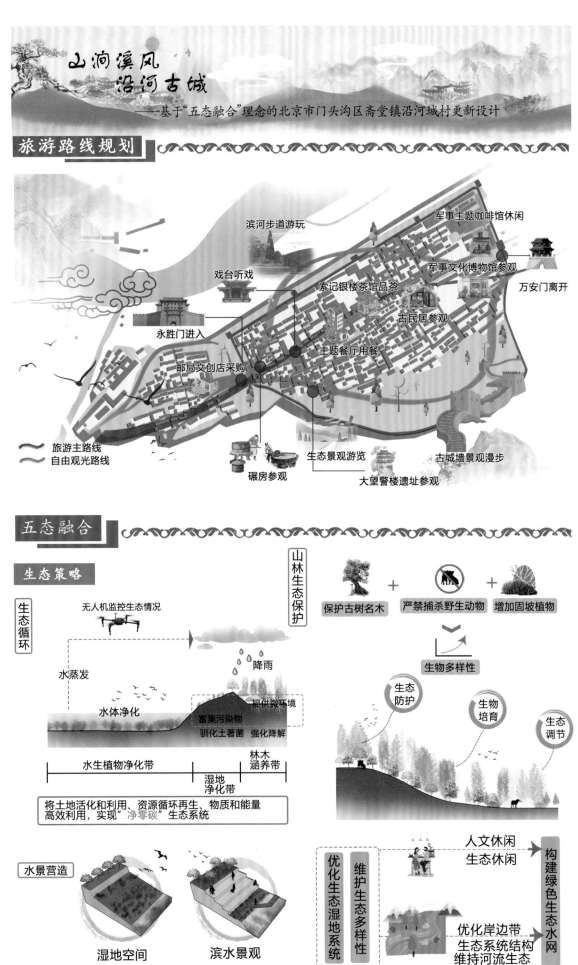

山涧溪风
沿河古城

——基于"五态融合"理念的北京市门头沟区斋堂镇沿河城村更新设计

旅游路线规划

滨河步道游玩

军事主题咖啡馆休闲

戏台听戏

军事文化博物馆参观

索记银楼茶馆品茶

万安门离开

古民居参观

永胜门进入

主题餐厅用餐

邮局文创店采购

生态景观游览

古城墙景观漫步

碾房参观

大望警楼遗址参观

旅游主路线
自由观光路线

五态融合

生态策略

生态循环

无人机监控生态情况

降雨

水蒸发

提供微环境

水体净化

富集污染物

驯化土著菌 强化降解

水生植物净化带

林木涵养带

湿地净化带

将土地活化和利用、资源循环再生、物质和能量高效利用，实现"净零碳"生态系统

山林生态保护

保护古树名木 + 严禁捕杀野生动物 + 增加固坡植物

生物多样性

生态防护

生物培育

生态调节

水景营造

湿地空间

滨水景观

优化生态湿地系统

维护生态多样性

人文休闲
生态休闲

构建绿色生态水网

优化岸边带
生态系统结构
维持河流生态

山涧溪风 沿河古城

——基于"五态融合"理念的北京市门头沟区斋堂镇沿河城村更新设计

业态策略

产业特色化

民俗文化

祭祖崇礼 | 戏曲 | 军事文化

合作社 → 文娱公司

推文宣传 / 网络推广

参观体验 → 游客

产业创新

原有基础+新生动力=新型产业

果蔬采摘 + 旅游产业 = 当地特产

原有民宿 + 功能添加 = 特色民宿

原有旅游 + 周边资源 = 全域旅游

乡村建设 吸引 人流 带动 文化体验 农耕体验 写生学习

形态策略

优化空间要素组织

优化村庄居住空间的典型要素——院落、住宅及宅旁地间的组织

闲置老宅活用

多层次开放空间

闲置老宅以廊道相连，作为村庄的公共空间

屋宅与院落

宅 / 院

单一居住功能

植入民宿功能

→

模式一 | 模式二

宅 / 商 民宿 | 商 / 民宿

植入商业功能

主 客 半私密 小菜园 庭院 | 客 私密 小菜园 庭院

宅旁用地

观花植物美化景观 提升居住空间品质

景观植物+爬藤+家禽 互相提供环境与养料，提高效率

社态策略

社区营造

特色民间传统保护

乡村地方文化价值挖掘

通过社区运营机制及文化推广，强调本地文化复兴及集体记忆保存，提升村落自组织能力

培训学习

村民教育组织 专业知识培训 → 生态保育知识 建筑修缮知识 旅游运营知识

文化设施完善

民客资源共享

村民分享协作 创意交流 公共基金制度 → 弱势群体 公共建设 生态保护

文态策略

活化文化资源

家族文化 { 家风家训广场 文化展览馆

建筑文化 { 古建形象修复 建筑内部功能活化

民俗文化 { 民俗表演 民俗展示

传统庆典 { 传统点灯花 注入新的元素

曲艺 { 戏曲表演 曲艺教学

手工艺 { 手工艺教学 工艺品销售

特色小食 { 形象包装 结合节庆活动宣传

文艺 / 家庭 / 摄影 / 表演 / 体验 / 宣传

丰富文化空间

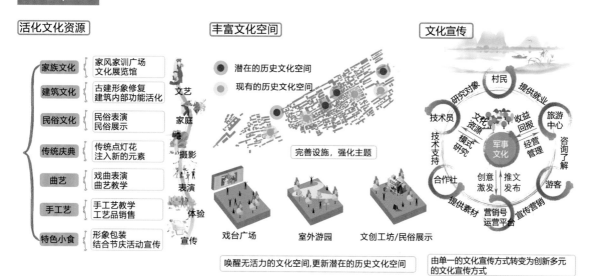

● 潜在的历史文化空间
● 现有的历史文化空间

完善设施，强化主题

戏台广场 | 室外游园 | 文创工坊/民俗展示

唤醒无活力的文化空间,更新潜在的历史文化空间

文化宣传

村民 提供就业 收益回报 旅游中心 咨询了解 游客 宣传营销 营销号 运营平台 提供素材 合作社 技术支持 技术员 研究对象

军事文化

文化资源 模式研究 经营管理 推文发布 创意激发

由单一的文化宣传方式转变为创新多元的文化宣传方式

总平面图

① 村委会　⑥ 游客服务中心　⑪ 永胜门　⑯ 长城军事文化博物馆　㉑ 文化广场　㉖ 南门　㉛ 永定河滨水景观绿带　⑥ 公共服务设施
② 卫生院/医务室　⑦ 村史馆　⑫ 索记银楼茶馆　⑰ 篮球场　㉒ 村民活动中心　㉗ 生态景观园　㉜ 石拱桥　Ⓟ 临时停车场
③ 老年活动室　⑧ 戏楼　⑬ 151号古民居　⑱ 军事主题咖啡馆　㉓ 大望警楼遗址　㉘ 花卉园　㉝ 修城记石碑　Ⓟ 生态停车场
④ 供销社主题餐厅　⑨ 邮局文创店　⑭ 152号古民居　⑲ 万安门　㉔ 大板仓遗址　㉙ 军事主题广场　㉞ 碾房
⑤ 文化礼堂　⑩ 旅游问询处　⑮ 上马石　⑳ 北门　㉕ 南城墙出城口　㉚ 亲水平台　㉟ 公共厕所

民宿　餐饮　商铺　重要古民居　古槐树　水塔

山涧溪风
沿河古城
——基于"五态融合"理念的北京市门头沟区斋堂镇沿河城村更新设计

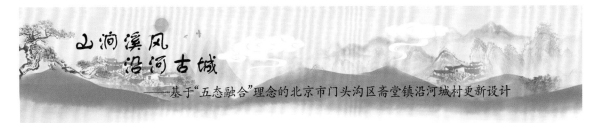

山涧溪风
沿河古城

——基于"五态融合"理念的北京市门头沟区斋堂镇沿河城村更新设计

规划分析

村域规划

村域用地规划图

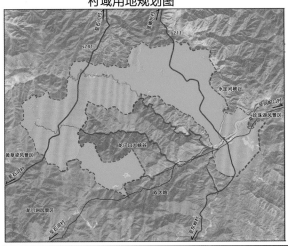

村域范围：根据村域范围内的景观环境资源，结合村庄周围的景区资源，规划形成"一主一次双服务核心，一轴带动五片区"的空间格局。

村域空间结构规划图

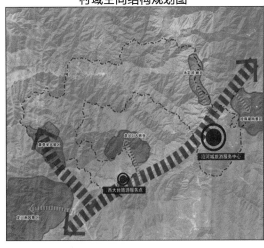

"一主一次双服务核心"为沿河城旅游服务中心和西大台旅游服务点。"一轴带动五片区"为长城文化旅游轴，将黄草梁风景区、珍珠湖风景区、龙门涧风景区、龙门口大峡谷、永定河峡谷等景区资源联动起来。

村庄规划

村庄空间结构规划图

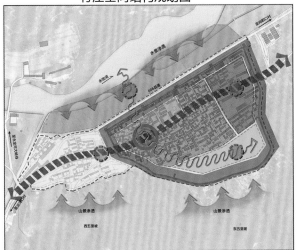

村庄范围：根据村落传统资源的分布，结合村落人居环境格局和生态自然空间格局，规划形成"两轴、一环、五核、六片区"的空间结构。
"两轴"为主要发展轴带和次要发展轴带；
"一环"为沿河城关堡城墙环带；
"五核"为村庄服务核心和四个次要生活空间中心；
"六片区"为军事防御文化体验、传统聚落文化体验区、村庄服务区、村民自发展区、生态景观区和永定河滨水景观体验区。

村庄配套设施规划

村庄道路规划

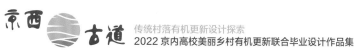

山洞溪风
沿河古城

——基于"五态融合"理念的北京市门头沟区斋堂镇沿河城村更新设计

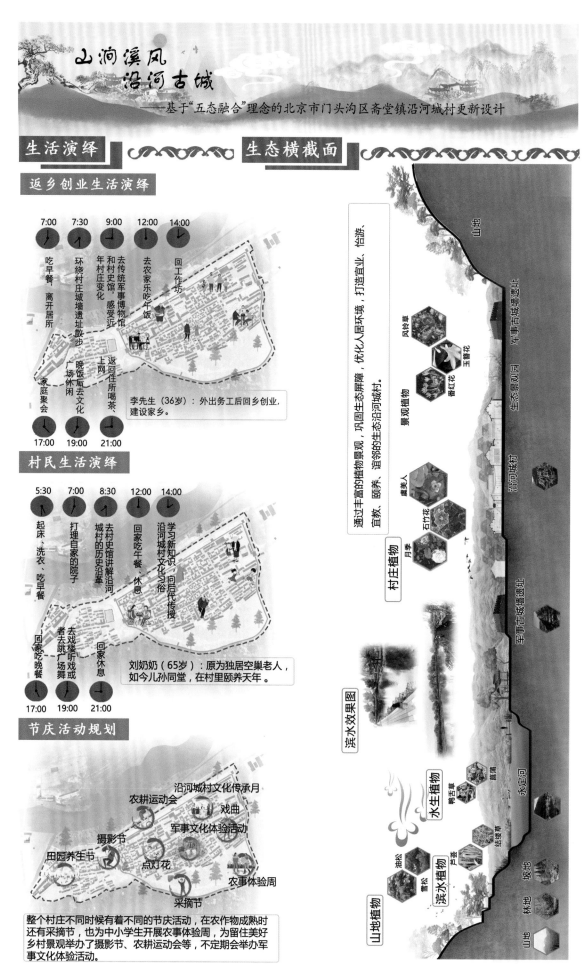

生活演绎

返乡创业生活演绎

7:00 吃早餐，离开居所

7:30 环绕村庄城墙遗址散步

9:00 去传统军事博物馆和村史馆，感受近年村庄变化

12:00 去农家乐吃午饭

14:00 回工作坊

17:00 家庭聚会

19:00 返回住所喝茶、上网

21:00 晚饭后去文化广场休闲

李先生（36岁）：外出务工后回乡创业，建设家乡。

村民生活演绎

5:30 起床、洗衣、吃早餐

7:00 打理自家的院子

8:30 去村史馆讲解沿河城村的历史沿革

12:00 回家吃午餐、休息

14:00 学习新知识，向后代传授沿河城村文化习俗

17:00 回家吃晚餐

19:00 去戏楼听戏或者去跳广场舞

21:00 回家休息

刘奶奶（65岁）：原为独居空巢老人，如今儿孙同堂，在村里颐养天年。

节庆活动规划

沿河城村文化传承月
农耕运动会
戏曲
军事文化体验活动
摄影节
田园养生节
点灯花
农事体验周
采摘节

整个村庄不同时候有着不同的节庆活动，在农作物成熟时还有采摘节，也为中小学生开展农事体验周，为留住美好乡村景观举办了摄影节、农耕运动会等，不定期会举办军事文化体验活动。

生态横截面

通过丰富的植物景观，巩固生态屏障，优化人居环境，打造宜业、宜游、怡游、宜教、颐养、谊邻的生态沿河城村。

军事古城墙遗址
生态景观园
沿河城村
军事古城墙遗址
永定河

景观植物
风铃草
玉簪花
蜀红花
虞美人
石竹花
月季

村庄植物

滨水效果图

水生植物
鸭舌草
菖蒲
结缕草
芦荟

滨水植物
油松
雪松

山地植物
山地
坡地
林地
山地

山涧溪风
沿河古城

——基于"五态融合"理念的北京市门头沟区斋堂镇沿河城村更新设计

鸟瞰图

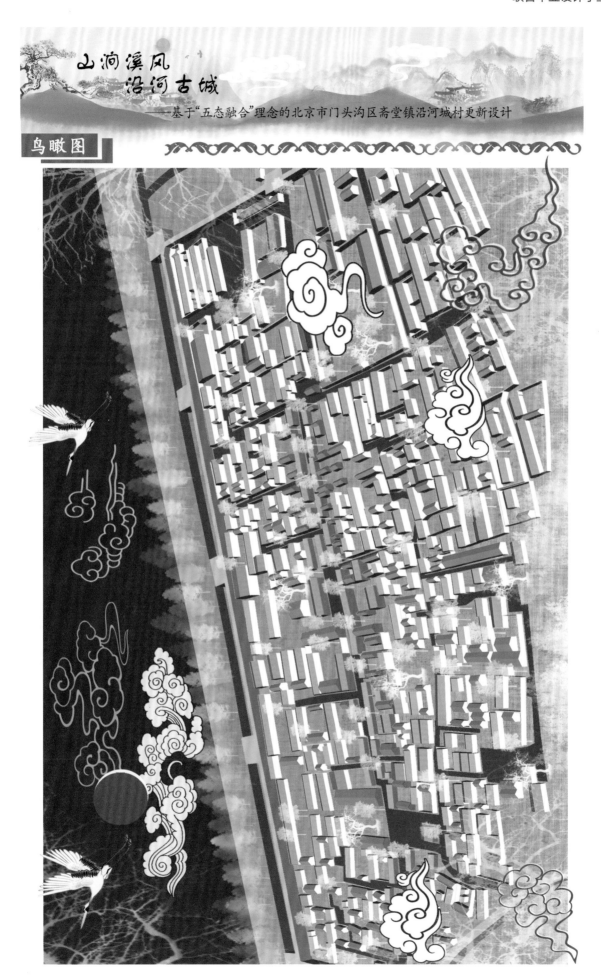

山涧溪风
沿河古城

——基于"五态融合"理念的北京市门头沟区斋堂镇沿河城村更新设计

空间环境整治

文化广场

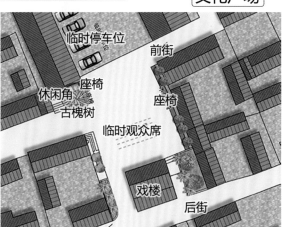

临时停车位
前街
座椅
休闲角
座椅
古槐树
临时观众席
戏楼
后街

文化广场功能

文创产品售卖集市

戏曲文化表演

休闲锻炼

统一宣传栏风格
传统开窗改善拆除遮雨构件

外墙墙面更新,仍保留传统风貌,采用石砖砖砌墙面和白石灰涂层

围合墙面更新措施

娱乐广场

更新前　　更新后

①宣传栏协调处理;
②传统开窗整治,拆除挡雨构件;
③外墙铺装更新,采用石砖+石灰铺装;
④采用当地材料设置小品。

位置分布

休闲座椅引导

就地取材,采用村庄的石材、木材做成休闲桌椅

广场透视图

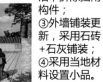

永胜门广场空间

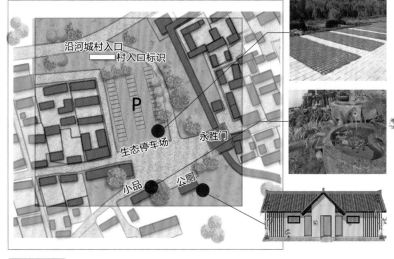

沿河城村入口
村入口标识
P
生态停车场
永胜门
小品　公厕

永胜门广场意象图

村口广场意象图

位置分布

①采用透水性铺装材料铺设停车场;
②栽植一定量的乔木等绿化植物;
③配置当地乡土小品,提升小品品质;
④对公厕整体形象进行更新设计;
⑤村口标识植入沿河城村文化元素。

村入口标识牌引导

村入口节点设置旅游标识牌,引导游客参观游览

185

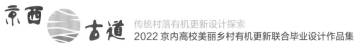

山涧溪风
沿河古城

——基于"五态融合"理念的北京市门头沟区斋堂镇沿河城村更新设计

发展阶段

营建分布

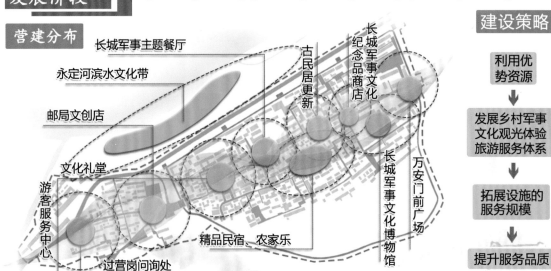

- 长城军事主题餐厅
- 永定河滨水文化带
- 邮局文创店
- 文化礼堂
- 游客服务中心
- 过营岗问询处
- 精品民宿、农家乐
- 古民居更新
- 长城军事文化纪念品商店
- 长城军事文化博物馆
- 万安门前广场

建设策略

利用优势资源
↓
发展乡村军事文化观光体验旅游服务体系
↓
拓展设施的服务规模
↓
提升服务品质

产业策略

- 产业链接 —— 一、二、三产融合发展，农副产品向特色化发展
- 拓展乡村服务功能 —— 拓展乡村服务功能，提供餐饮、民宿服务

建设主体 → 村民自主型+地方政府+小型投资

旅游服务体系完善

- 过营岗问询处、游客服务中心、万安门前广场
- 文化礼堂、长城军事文化博物馆、古民居更新
- 精品民宿、农家乐、长城军事主题餐厅改造更新
- 邮局文创店、长城军事文化纪念品商店
- 永定河滨水文化带打造
- 智慧乡村平台搭建，旅游标识系统完善

邮局文创店改造更新

文创产品

T恤　手账本　明信片　手提袋

网红产品

"烽火台"快客杯　产品LOGO"烽火相传"

传统村落材质铺设

石板　　石墙　　红瓦　　木材

传统村落色彩提取

冷灰外墙　苔痕阶绿　石木搭配　暖灰外墙

①功能植入：保留村民对邮局的记忆，将邮寄功能置换成文创产品制作、售卖和邮寄的功能。
②沿用之前的风貌，对破损的外墙进行粉刷，修复阶梯，植入绿化。

山泃溪风
沿河古城
——基于"五态融合"理念的北京市门头沟区斋堂镇沿河城村更新设计

古民居保护更新

以151号古民居为例

房屋立面改造更新

 更新前 ➡  更新后

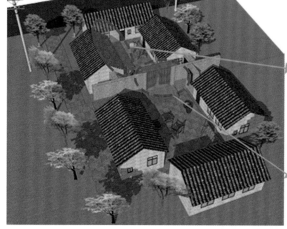

位置分布

存在问题：①院落铺装老化；②房屋墙皮脱落严重；③宅前杂物堆积过多。
整治措施：①保留原有的建筑形态，延续肌理和色彩，对脱损墙面进行维护。外墙采用石砖贴面和石灰涂层，墙裙采用石材贴面。②倡导村民自主建设美丽庭院，清理院落内的柴草杂物，院落宅前可种植蔬菜、花草，配以当地灌木和草本，形成乔、灌、草结合的富有层次感的绿地空间。

精品民宿、主题餐厅

精品民宿更新设计

正房
厨房
庭院
厢房
正门

位置分布

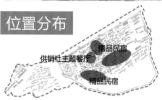

供销社主题餐厅
精品民宿
精品民宿

鸟瞰图

中式庭院
局部透视图

更新措施：将村庄原有的农家乐、民宿、民居等统一协调风格，更新改造，进行品质提升。①墙面统一粉刷；②院落环境整治；③铺装井然有序；④雕塑小品与环境相符，多选用当地资源改造小品；⑤植物种植宜选取适宜当地的植物，乔、灌、草相结合；⑥内部陈设品质升级。

供销社主题餐厅更新设计

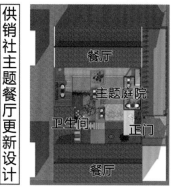

餐厅
主题庭院
卫生间
正门
餐厅

鸟瞰图

局部透视图

更新措施：①将原有的乡村餐厅墙面遵循原貌进行统一粉刷；②院落环境整治；③铺装井然有序；④雕塑小品采取军事和农耕风格，多选用当地资源改造小品；⑤宅前、院落绿化宜选取当地的植物，种植有序且体现原生态化；⑥内部陈设品质升级。

山涧溪风
沿河古城

——基于"五态融合"理念的北京市门头沟区斋堂镇沿河城村更新设计

滨水生态景观带　平面图

现状图

图例
① 滨水广场
② 亲水平台
③ 植物观赏园
④ 景观广场
⑤ 亲子娱乐场地
⑥ 野营场地
⑦ 戏水石阶步道
⑧ 栈桥
⑨ 景观步道
⑩ 果树采摘乐园
⑪ 北门
⑫ 公共厕所
⑬ 村入口
⑭ 永定河

节点平面放大图

植物观赏园　　景观广场　　景观步道

营造集自然山水景观体验、滨水休闲娱乐、亲子游玩体验、农耕体验于一体的滨水空间。

景观意象图

河道景观
滨水广场
戏水石阶步道
亲水平台
水果采摘乐园

主要街巷更新

平面图

古民居
长城军事文化博物馆
索记银楼茶馆
供销社主题餐厅

更新前　　　更新后

存在问题：①房屋立面砖墙老化脱落；②街巷缺乏绿化；③街巷文化空间缺乏特色。
更新措施：①更新乡村主要街巷的立面，采用石灰+水泥的铺装，恢复原本风貌；②种植一定绿植；③设立沿河城文化宣传栏；④采用太阳能节能路灯，路灯造型体现村庄特色。

位置分布

山涧溪风 沿河古城

——基于"五态融合"理念的北京市门头沟区斋堂镇沿河城村更新设计

成熟阶段

旅游服务品质提升

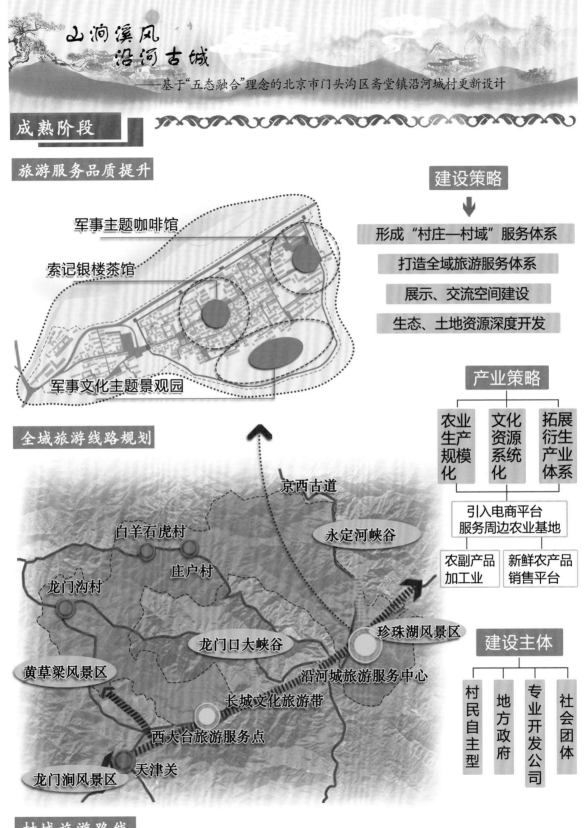

军事主题咖啡馆

索记银楼茶馆

军事文化主题景观园

全域旅游线路规划

京西古道

白羊石虎村

庄户村

永定河峡谷

龙门沟村

龙门口大峡谷

黄草梁风景区

珍珠湖风景区

沿河城旅游服务中心

长城文化旅游带

西大台旅游服务点

龙门涧风景区   天津关

建设策略

形成"村庄—村域"服务体系

打造全域旅游服务体系

展示、交流空间建设

生态、土地资源深度开发

产业策略

农业生产规模化	文化资源系统化	拓展衍生产业体系

引入电商平台
服务周边农业基地

农副产品加工业	新鲜农产品销售平台

建设主体

村民自主型	地方政府	专业开发公司	社会团体

村域旅游路线

两条旅游路线
① 京西长城文化旅游线路：东岭城墙遗址—沿河城—沿河城与沿河口附近敌台—南烽火台1、2—西大台—天津关—黄草梁附近敌台；
② 自然景观旅游线路：龙门涧风景区—黄草梁风景区—西大台—龙门口大峡谷—永定河峡谷—沿河城—珍珠湖风景区。

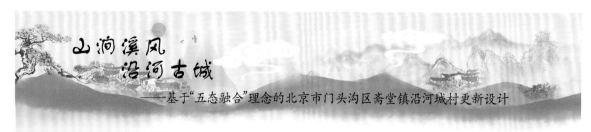

山涧溪风
沿河古城

——基于"五态融合"理念的北京市门头沟区斋堂镇沿河城村更新设计

索记银楼茶馆更新

意象图

室内效果引导图

银饰展览墙

寻找索记银楼商号记忆，将其改造成茶馆，将银饰做成展览墙。

军事主题咖啡馆更新

平面图

长城浮雕墙

军事雕塑

局部透视图

位置分布

军事主题咖啡馆

索记银楼茶馆

提升村庄旅游服务品质，打造军事主题风格的咖啡馆，营建仿古的中式庭院，设置长城风格的雕塑小品。

全域智慧运营平台建设

智慧服务

"互联网+教育"

普及互联网应用，推动城市优质教育资源与乡村学校对接

"互联网+医疗健康"

远程医疗、远程教学培训，完善弱势人群的信息服务体系

智慧管理

生态监测管理

全时+全程

健全农村生态系统监测平台和人居环境综合监测平台

"互联网+村务管理"

党务、村务、财务网上公开，畅通社情民意

山涧溪风
沿河古城

——基于"五态融合"理念的北京市门头沟区斋堂镇沿河城村更新设计

军事主题景观园
平面图

① 农耕老物件广场　⑨ 明代圭门　　　　　⑰ 公共厕所
② 花卉园　　　　　⑩ 明代军事主题雕塑广场　⑱ 廊架
③ 碾坊广场　　　　⑪ 月洞门　　　　　⑲ 石雕
④ 滨水广场　　　　⑫ 清代军事主题雕塑广场　⑳ 水系
⑤ 亲水平台　　　　⑬ 梅花门洞　　　　㉑ 大板仓遗址
⑥ 垂钓平台　　　　⑭ 民国军事主题雕塑广场　㉒ 南城墙出城口
⑦ 长城石椅休闲广场⑮ 花藤亭广场　　　㉓ 南门
⑧ 石头亭廊　　　　⑯ 军事象棋台

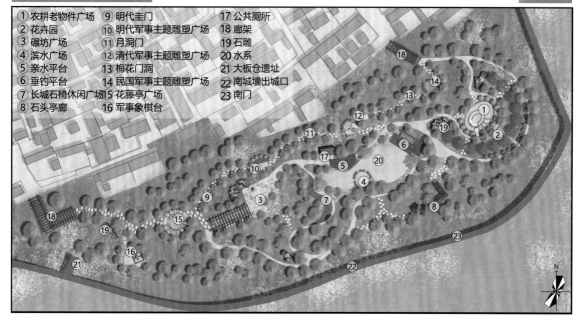

军事主题广场意象图

明代

清代

民国

明代弓、剑雕塑引导图　明代圭门意象图　　清代火炮、手雷雕塑引导图　月洞门意象图　　民国军事雕塑、冲锋枪雕塑　梅花门洞意象图

功能分区图

花卉观赏打卡区
军事文化主题游览区
乡村风景游玩区

长城石椅休闲广场

垂钓平台

碾坊广场

军事象棋台

景观意象图

亭子

亲水平台

农耕老物件广场

花园

山涧溪风
沿河古城

基于"五态融合"理念的北京市门头沟区斋堂镇沿河城村更新设计

人居环境提升引导

种植绿化	特色小品	石材改造设计	景观墙小品
垂直绿化	磨盘、日晷小品	鹅卵石凳	
特色花箱	陶罐墙	石改洗手池	
陶罐花坛	老物件展列	石造景墙	
木桶花池	长城涂鸦小品	石灯	

充分收集利用地方闲置资源、石材、木材、老物件和器具等，改造成极具当地风格和特色的景观小品，并进行特色铺装、创意改造，提升人居环境。

环保垃圾箱	特色景观路铺装	旅游导视牌
休闲石椅	仿古路灯	植物配置

雪松 常绿乔木，阳性树，有一定耐阴能力，喜温凉气候，耐寒力较强。

金银花 常绿、半常绿灌木，为阳性花木，喜光不耐阴；是适宜园林、庭院普遍栽植的优良花木，而且是北京市市花。

月季 半常绿缠绕灌木；适应能力很强，喜阳、耐阴、耐寒、耐旱、耐湿，宜在公园绿地和家庭庭院落中种植。

槐树 乔木，性强健，喜光，略耐阴，枝叶繁茂，寿命长，是良好的行道树和庭荫树。

玉兰 落叶乔木，喜阳光，适宜温暖的气候，在北京地区花期为三月底四月初，是一种名贵的观赏植物。

西府海棠 落叶灌木，也能长成小乔木；喜光、耐寒、耐旱、忌积水；春天开花粉红美丽，是优良的庭院观赏树。